After Effects

イメージで覚える

Ae

動きの基本

山下大輔
Daisuke Yam

JN240781

SHOEISHA
SE

はじめに　動きって面白い！

この本を手に取っていただき、ありがとうございます。
さっそくですが、皆さんは「動き」のことを、普段どのくらい意識していますか？　現実世界や映画館、テレビ、スマホなど、色々な環境で動きを見かけます。私たちは普段から動きを当たり前のように見ています。しかし、作り手は「なぜそういう動きなのか？」ということを考え続ける必要があるのです。

動きって面白いと思うんです。同じことを伝えるのでも、動き次第で伝わり方は大きく変わります。昔のサイレント映画や大道芸人のパントマイムなどの動きを見るとよくわかります。
そして、動きってコミュニケーションなのです。映像を作る側、視聴する側がスクリーンを挟んでキャッチボールするとき、ボールを受け取りやすくするヒントのようなものです。自分が伝えたいことをわかりやすく伝えられる要素。動きにはそれが詰まっていると私は考えています。

動きの特徴を考えていくことで、誰が見ても共感できる動きが作れるようになります。個性や独自性を重視した結果、自分にしか伝わらないような作品を作っても、自己満足に終わります。どうせ表現するなら、色んな人に共感してもらいたいですよね？（アートは別の話ですが……）
そこで、序章では、そのタイトル通り、「動きとは何か？」をまとめました。動きがあるコンテンツを作り出す前に知っておいてほしいことや、考えておきたいことを解説しています。そして、第1部では動きを作る際に知っておきたい、表現の基本や法則、テクニックをまとめています。

第2部では、After Effectsについて解説しています。しかし、この本はいわゆる普通のAfter Effectsの本ではありません。ソフトウェアとしてのAfter Effectsは動きを制御する機能が満載していますが、実は全ての機能を覚える必要は全くありません。

そこで、本書では、動きを作るのに最小限の機能と特徴だけをまとめてみました。スクショを並べて皆さんに読み取ってもらうより、私がポイントと思った部分をフォーカスして各機能をイラストで紹介しています。自分が学ぶ途中で感じたことを皆さんに伝わるように心がけました。

よく「After Effectsは難しそう」と言われます。機能が多く、どう使いこなすかが複雑なため、そのように言われるのでしょう。

実写の合成やモーショングラフィックス、アニメーションの撮影パートの作成など、After Effectsの使い所は無数にあります。それぞれの作業で必要なことを覚えていけるようになるのが理想的な学習の方法です。

ぜひ、本書を何度も読み返しながら、制作をしてください。

　序章と第1部は、映像に興味のある方やAfter Effectsを使わずに動きのあるコンテンツを作る方にも参考になる内容になっています。しかし、ソフトウェアが違っても、動きの考え方は変わりません。また、After Effectsでの動きの作り方や考え方を知っておくことで、他のソフトでも応用が利くようになるでしょう。
ぜひ第1部、第2部のどちらも読んでいただけたら嬉しいです。

さあ、動きについて考える旅の始まりです！
「動きって楽しい！」が少しでも伝わることを願って。

CONTENTS

はじめに　動きって面白い！ 2

会員特典データのご案内 12

序章　そもそも、動きってなんだろう？ 15

- 動きってなんだろう？ 16
- 動きの効果 17
- 情報の出てくる順番 18
- 自然な動きを作るコツ 19
- なぜ仕組みを理解する必要があるの？ 20
- どんな要素が伝わりやすいか？ 21
- 分解すると、「らしさ」がわかる！ 22
- 動きを考える 23
- 動きの種類を意識しよう 24
- 実際の動きを観察する 25
- 観察してメモをとろう 26
- あえてオーバーにしてみる 27
- 画像と動画の違い 28
- わかりやすく演出しよう 29
- 動画の演出要素を知ろう 30
- 空間軸で考えてみる 31
- 画面に意味を持たせる 32
- 意図した通りに見てもらう 33
- 時間軸で考えてみる 34
- 動きを感じる瞬間 35
- 同じ距離でも速度が違う 36
- 動きの解像度を上げよう 37

第1部 動きの基礎を知ろう

第1章 動きのための表現の基本　39

- 01 動きの特徴を捉える　40
- 02 動きを予測させる　42
- 03 動きの連動と追従　44
- 04 動きの緩急　46
- 05 動きの曲線　48
- 06 動きにメリハリをつける　50
- 07 物体の質量　52
- 08 素材の柔らかさ　54
- 09 伝わりやすい構図　56
- 10 メインを補助する動き　58
- 11 点と線とシェイプ　60
- 12 動く時間を考える　62
- 13 平面を立体的に見せる　64

第2章 自然な動きを作るための法則　67

- 14 止まる動き　68
- 15 動きを止める障害物　70
- 16 動きには敏感に反応する　72
- 17 別の大きな力による動き　74
- 18 落ちる動き　76
- 19 はじける動き　78
- 20 ふわふわした動き　80
- 21 物体は急には止まらない　82

第3章 知っておきたい動きの切り替え　85

22 速いところで切り替える 86
23 回転で切り替える 88
24 移動で切り替える 90
25 大きさで切り替える 92
26 形で合わせる 94
27 動きの方向を合わせる 96
28 色で変える 98
29 ピントをぼかす 100

第4章 動きをデザインする　103

30 目線を作る 104
31 ルールを守る 106
32 強弱をつける 108
33 伝わりやすさを考える 110
34 情報と感情を連動させる 112

第2部 これだけは知っておきたい After Effectsの基本

第5章 After Effectsでのアニメーション作成の流れ ... 115

- **35** アニメーション作成の基本的な流れを知ろう ... 116
- **36** レイヤーの要素を開く ... 117
- **37** はじまり（終わり）の時間を決める ... 118
- **38** アニメーションの記録をはじめる ... 119
- **39** 終わり（はじまり）の時間に移動する ... 120
- **40** 要素の数値を変更する ... 121
- **41** 動きを調整する ... 122

第6章 After Effectsで知っておきたい機能 ... 123

- **42** フレームレート ... 124
- **43** プロパティとパラメータ ... 125
- **44** 座標 ... 126
- **45** モーションパス ... 127
- **46** キーフレーム ... 128
- **47** イージング ... 129
- **48** レイヤートランスフォーム ... 130
- **49** アンカーポイント ... 131
- **50** 位置 ... 132
- **51** 次元に分割 ... 133
- **52** スケール ... 134
- **53** 回転 ... 135
- **54** 不透明度 ... 136

55 選択ツール ⋯⋯⋯⋯⋯⋯⋯⋯⋯⋯⋯⋯⋯ 137

56 手のひらツール ⋯⋯⋯⋯⋯⋯⋯⋯⋯⋯ 138

57 回転ツール ⋯⋯⋯⋯⋯⋯⋯⋯⋯⋯⋯⋯⋯ 139

58 アンカーポイントツール ⋯⋯⋯⋯⋯ 140

59 シェイプツール ⋯⋯⋯⋯⋯⋯⋯⋯⋯⋯ 141

60 ペンツール ⋯⋯⋯⋯⋯⋯⋯⋯⋯⋯⋯⋯⋯ 142

61 シェイプ ⋯⋯⋯⋯⋯⋯⋯⋯⋯⋯⋯⋯⋯⋯ 143

62 テキストアニメーター ⋯⋯⋯⋯⋯⋯ 144

63 親子関係 ⋯⋯⋯⋯⋯⋯⋯⋯⋯⋯⋯⋯⋯⋯ 145

64 モーションブラー ⋯⋯⋯⋯⋯⋯⋯⋯⋯ 146

65 タイムリマップ ⋯⋯⋯⋯⋯⋯⋯⋯⋯⋯ 147

66 トラックマット ⋯⋯⋯⋯⋯⋯⋯⋯⋯⋯ 148

67 レイヤーマスク ⋯⋯⋯⋯⋯⋯⋯⋯⋯⋯ 149

68 時間のズームバー ⋯⋯⋯⋯⋯⋯⋯⋯⋯ 150

69 エクスプレッション ⋯⋯⋯⋯⋯⋯⋯ 151

70 動きのカーブを作る ⋯⋯⋯⋯⋯⋯⋯ 152

71 グラフエディターボタン ⋯⋯⋯⋯⋯ 153

72 グラフエディター：表示するグラフの切り替え ⋯⋯ 154

73 グラフエディター：動きのトランスフォームボックス ⋯ 155

74 グラフエディター：イージングの切り替え ⋯⋯ 156

75 グラフエディター：動きにスナップ ⋯⋯ 157

76 グラフエディター：グラフの全体表示 ⋯⋯ 158

77 グラフエディター：次元に分割ボタン ⋯⋯ 159

78 グラフエディター：より細かな調整 ⋯⋯ 160

79 グラフエディター：キーフレーム ⋯⋯ 161

80 グラフエディター：ペンツールでキーフレーム追加 ⋯⋯ 162

81 グラフエディター：ペンツールでハンドルの切り替え ⋯ 163

82 キーフレーム速度 ⋯⋯⋯⋯⋯⋯⋯⋯⋯ 164

83 キーフレーム補間法 ⋯⋯⋯⋯⋯⋯⋯ 165

84 エフェクトの効果 ⋯⋯⋯⋯⋯⋯⋯⋯⋯ 166

85 動きの調味料 ⋯⋯⋯⋯⋯⋯⋯⋯⋯⋯⋯ 167

86 パペットピン ⋯⋯⋯⋯⋯⋯⋯⋯⋯⋯⋯ 168

87 ワープ ⋯⋯⋯⋯⋯⋯⋯⋯⋯⋯⋯⋯⋯⋯⋯ 169

88 CC Bend It 170

89 エコー 171

第7章 動きのカーブリスト　　　173

90 そもそも「動きのカーブ」とは？ 174

91 2つのグラフ 175

92 速度グラフ 176

93 値グラフ 177

94 動きを作るヒント 178

95 加速 179

96 減速 182

97 加速と減速 185

98 予備動作と余韻 188

99 跳ねる 190

100 ふわふわする 192

101 じんわり動かす 193

102 レイヤーで切り替える 194

103 点滅 195

104 跳ね返る 196

105 遅れて追従する動き 197

106 キーフレームのタイミング 198

107 レイヤーのタイミング 199

108 素材感のある動き 200

109 移動で切り替える 201

付録 動きでよく使うショートカット 202

速度カーブ早見表・値カーブ早見表 204

あとがき 206

著者プロフィール 207

会員特典データのご案内

本書では、動きを作る際に知っておきたい基本的な知識から、After Effectsで知っておきたい機能まで、動きのあるコンテンツを作る際に知っておきたい基礎知識を解説しました。
本書を読んだあとは、ぜひ実際に手を動かしてみてください。
会員特典として、本書で紹介した動きのパターンが入ったプロジェクトファイルを提供します。以下のサイトからダウンロードして入手いただけますので、ぜひご活用ください。

https://www.shoeisha.co.jp/book/present/9784798187693

- ※ 会員特典データのファイルは圧縮されています。ダウンロードしたファイルをダブルクリックすると、ファイルが解凍され、ご利用いただけるようになります。
- ※ 会員特典データで提供するファイルは、After Effects 25.1.0（Build68）で作成しています。古いバージョンではファイルが開けない可能性があるため、After Effects 25.1.0（Build68）以降でご使用ください。

■ 注意

- ※ 会員特典データのダウンロードには、SHOEISHA iD（翔泳社が運営する無料の会員制度）への会員登録が必要です。詳しくは、Webサイトをご覧ください。
- ※ 会員特典データに関する権利は著者および株式会社翔泳社が所有しています。許可なく配布したり、Webサイトに転載することはできません。
- ※ 会員特典データの提供は予告なく終了することがあります。あらかじめご了承ください。
- ※ 図書館利用者の方もダウンロード可能です。

■ 免責事項

- ※ 会員特典データの提供にあたっては正確な記述につとめましたが、著者や出版社などのいずれも、その内容に対してなんらかの保証をするものではなく、内容やサンプルに基づくいかなる運用結果に関してもいっさいの責任を負いません。
- ※ 会員特典データに記載されている会社名、製品名はそれぞれ各社の商標および登録商標です。

本書内容に関する お問い合わせについて

このたびは翔泳社の書籍をお買い上げいただき、誠にありがとうございます。弊社では、読者の皆様からのお問い合わせに適切に対応させていただくため、以下のガイドラインへのご協力をお願いいたしております。下記項目をお読みいただき、手順に従ってお問い合わせください。

■ ご質問される前に
弊社Webサイトの「正誤表」をご参照ください。これまでに判明した正誤や追加情報を掲載しています。

正誤表 https://www.shoeisha.co.jp/book/errata/

■ ご質問方法
弊社Webサイトの「書籍に関するお問い合わせ」をご利用ください。

書籍に関するお問い合わせ
https://www.shoeisha.co.jp/book/qa/

インターネットをご利用でない場合は、FAXまたは郵便にて、下記"翔泳社 愛読者サービスセンター"までお問い合わせください。電話でのご質問は、お受けしておりません。

■ 回答について
回答は、ご質問いただいた手段によってご返事申し上げます。ご質問の内容によっては、回答に数日ないしはそれ以上の期間を要する場合があります。

■ ご質問に際してのご注意
本書の対象を超えるもの、記述個所を特定されないもの、また読者固有の環境に起因するご質問等にはお答えできませんので、あらかじめご了承ください。

■ 郵便物送付先およびFAX番号
送付先住所　〒160-0006 東京都新宿区舟町5
FAX番号　　03-5362-3818
宛先　　　　（株）翔泳社 愛読者サービスセンター

※本書に記載されたURL等は予告なく変更される場合があります。
※本書の対象に関する詳細は14ページをご参照ください。
※本書の出版にあたっては正確な記述につとめましたが、著者や出版社などのいずれも、本書の内容に対してなんらかの保証をするものではなく、内容やサンプルに基づくいかなる運用結果に関してもいっさいの責任を負いません。
※本書に記載されている会社名、製品名はそれぞれ各社の商標および登録商標です。

●After Effectsのバージョンについて

本書はAfter Effects 25.1.0（Build 68）を基本としています。
第2部で解説しているツールの名称や機能については、ソフトウェアのアップデートなどにより変更になる場合がございます。あらかじめご注意ください。

序章

そもそも、動きってなんだろう?

まずは動きについて考えていきましょう。
見慣れたものほど直感的に理解してしまうものです。
表現者の皆さんは日常に疑問を持つようにしましょう。

動きってなんだろう?

そもそも、動きとはなんでしょう? 漫画に出てくるオノマトペはキャラクターや場面をわかりやすくするために使用されます。オノマトペは、動きの印象を補足していると考えてもよいでしょう。
普段から見慣れているので、私たちは感覚的に動きを理解しています。風によって、髪がどのようになびくのか、鳥が羽ばたくためにどのように羽を動かすのか。構造を理解していなくても、実際に動いているため疑問を持つことも少ないでしょう。

動きの効果

動きが伝えるものは様々です。通販番組では紹介している商品のすばらしさを伝え、購入につなげるための演出をします。映画では監督が伝えたかったことを物語に埋め込みます。牛丼チェーン店の前に出ているデジタルサイネージは、新しいメニューを伝え、お店に誘導する役目を果たします。
私たちは、「伝えたいこと」を実写やモーショングラフィックス、アニメーションなどの様々な動画様式で表現していきます。表現手法は違っても、どれにも動きという共通のキーワードがあります。動きを使うことで物語を紡いだり、わかりやすい演出で伝えたいメッセージを鮮明にしたりすることができるのです。

序章　そもそも、動きってなんだろう？

情報の出てくる順番

動画を見るとき、視聴者は情報を順番に与えられる側になります。動画には時間軸があるからです。動画の作り手は、いわばシェフです。コース料理のように前菜からメインディッシュ、最後にデザートというように食べる順番（視聴する順番）を決め、視聴者に楽しんでもらいましょう。

自然な動きを作るコツ

序章　そもそも、動きってなんだろう？

　動きを作るには準備をしましょう。仕組みを理解して動かす必要もあります。作業する中で、たまたまいい動きになるのを祈るのではなく、意図して動きを再現できるようにしていきましょう。
　そのためには、動きを理解することが大切です。

なぜ仕組みを理解する必要があるの？

　同じ動きでも、「説明的」と「感情的」の2つの動きに分けることができます。「人が歩いている」動きは、説明的な動きです。歩いてきているという情報だけを伝えることが可能です。しかし、「人が急いで走っている」動きの場合、「なにかあったのかな？」と見る人の感情が動きます。その後の展開に引き込むために使え、映像の導入部分にも向いています。このように状況に合わせて動きの質を変える必要があるのです。
　見る人にその動きから伝えたい目的を理解してもらいやすくするために、動きの仕組みを理解しておきましょう。

どんな要素が
伝わりやすいか？

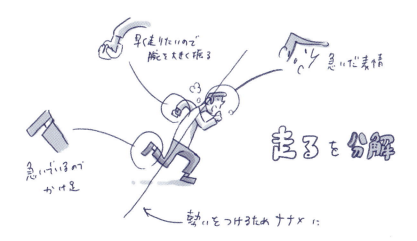

動きの仕組みを理解するためにどうすればいいでしょう？　まずは、その動きがどんな要素で構成されているのかを考える必要があります。

動きは単純なようで、色々な要素が組み合わさってできているため、考えることはいっぱいあります。実際に、頭の中で思い描いた動きを再現しようとする際に、問題が色々起こります。そういうときは、動きの要素を分解してみましょう。

分解すると、「らしさ」がわかる!

「『跳ねる』『落ちる』『止まる』などの動きの性質はなんなのか？」「なにがその動きをその動きたらしめているのか？」など、分解して考える練習を日々行うことで、実際に自分でその動きを作るときにイメージすることができるようになります。日常の中の動きを観察して、その動き「らしさ」を追求していきましょう。

動きを考える

電車に乗っているときを想像してください。遠くの山はゆっくり動くのに、近くの建物は速く過ぎ去ります。なぜ、電車は同じスピードで動いているのに、見えるものの速度が変わるのでしょう？　これは見ている場所から見えているものの距離の違いによって発生します。「パララックス」などと呼ばれたりもします。

序章　そもそも、動きってなんだろう？

動きの種類を意識しよう

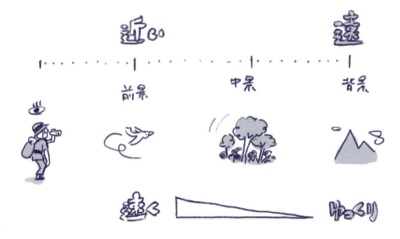

　遠くにあればゆっくり見え、近くにあれば速く見えることには奥行きが関係しているのです。こういった知識を入れておくだけでも、動きを考えるうえで役立ちます。
　遠くの「飛行機は一定の動きに見える」「ボールの落下は加速する」「車が止まるときは減速をする」など、動きの種類はたくさん存在します。動きを作るときには、動きの状態に疑問を持つようにしていきましょう。

実際の動きを観察する

序章 そもそも、動きってなんだろう？

　頭の中でこれから作る動きについて考えていても、なかなかうまくまとまらないことは多いでしょう。それは、あなたの中の動きのストックがたまっていないからかもしれません。そんなときは周りの色々なものを観察してみましょう。その際、その動きがどうなっているかを意識して見ることがポイントです。

観察してメモをとろう

公園に行って、風になびく木々や子供と手をつなぐ親子の歩き方などをこっそり観察してみましょう。観察した動きをそのまま再現すればリアルな表現につながりますが、ただ再現するだけでは、不十分かもしれません。その場の感情を表現したい場合は、どの動きを誇張するとよいのかを考えておくとよいでしょう。

あえてオーバーにしてみる

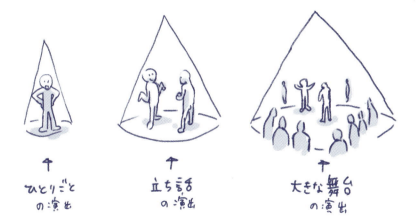

序章 そもそも、動きってなんだろう？

全てをそのまま伝えるのではなく、イメージが最大化できる要素を取捨選択しながら自分の中に動きのストックをためていくことは楽しい作業です。
例えば、舞台を観劇すると役者さんは、観客にわかりやすく伝えるために、普段よりもオーバーに演技を行っていたりします。これは、動きを作る際にも使えるテクニックです。
動きを作る際には、ぜひ意識して強弱をつけてみてください。

画像と動画の違い

ここでは画像と動画の違いを改めて考えてみましょう。
画像の場合、人は目についた箇所から情報を得ていきます。デザインの力で目線誘導を可能な限り行いますが、実際の見る順番や情報選択は受け手に委ねられます。
一方、動画は時間ごとに画面内の情報が変化します。受け手が見る順番を作り手が決められるのです。最初から最後まで見てもらうための演出が大切になりますが、その際に重要なものの1つが動きなのです。

わかりやすく演出しよう

大前提として、状況が伝わる動きを作りましょう。
例えば、新発売の商品広告を作る場合、テキストで新発売というイメージを強く出したいのであれば「NEW!!」の文字を勢いよく飛び出させてみます。手前には商品のイラストや画像を配置し、イメージを明確にします。右下にはキャッチフレーズを置くともっとわかりやすかもしれませんね。
まずはなにを言おうとしているのかを明確にしてそれに合わせた動きを用意しましょう。

動画の演出要素を知ろう

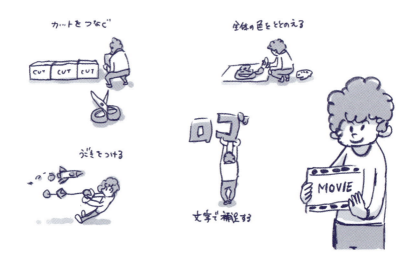

動画を最後まで見てもらうために、動き以外でも工夫することができます。いわゆる、「編集」のパートです。

内容に関係ない部分を削ってカットをつなげたり、わかりやすく情報を伝えるためのテキスト挿入やナレーションによる補足など……。色のトーンを揃えて、作品の世界感を作ることもそうです。

これまでに述べたものは一部ですが、画像と動画では時間演出が加わります。時間軸があるため画像に比べ動画は1度に脳に伝える情報量が多いのです。この動画の特徴をうまく利用しましょう。

空間軸で考えてみる

動画における空間とは動きにおいて演出される動画のスクリーンや、実際の動画を作る作業場を表します。1フレームごとの空間の状況と考えてください。この中で、カメラやライトになるものを作って演出をつけていくこともあります。動画制作の中では皆さんは空間演出家であり、カメラマンです。

序章　そもそも、動きってなんだろう？

画面に意味を持たせる

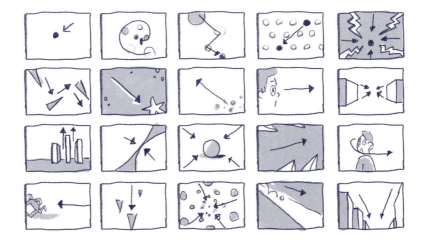

スクリーン上に映し出されるものはなにかしらの意味が必要です。実写だとできるだけ意味のないものが映らないように構図を工夫し、集中させるために被写界深度をコントロールして、ピントを外すこともします。
モーショングラフィックスでも、空間の構成から始まります。実写の背景がない場合はどこになにを置くのかを全て自分で決めて、動きによってどう空間の見え方を変えるかを考えます。

意図した通りに見てもらう

動きを考えるときには、空間で動くことで印象がどう変化するのか、しっかりと考慮する必要があります。空間にあるものが効果的に動くと目線誘導がスムーズになります。

モーショングラフィックスでは空間をゼロから作ります。そのため、より空間の状態を意図して作る必要があります。テキストの位置、配置したシェイプの意味、伝えたい順番でのレイヤーを動かすタイミング、動きのカーブなど全てを考慮しましょう。自分がなにをどう動かしたいかではなく、「見る人が意味を理解しやすい状態を表現できているか」が重要です。

時間軸で考えてみる

　次に、時間について考えてみましょう。時間という概念は、日々の生活で当たり前すぎて意識することがないかもしれません。しかし、動きにおいて、時間は非常に大事な要素です。
　時間を変化させながら、そのときに1番見せたいものはなにかを考えて演出を加えていきましょう。

動きを感じる瞬間

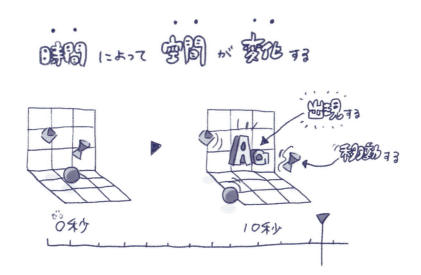

動きを感じる瞬間はどういう場面でしょう？
空間にある物体が時間ごとに別の場所に移動したり、大きさが変化したりするときに、人は「動いた」と感じます。
動きを作る場合、この「時間によって変化したものに目線が移る」という人の特性を活かして、しっかりと目的を伝えていく必要があります。

序章　そもそも、動きってなんだろう？

同じ距離でも速度が違う

時間は速度を持っています。速度には、時間のリズムを整える効果があります。同じ変化でも0秒から1秒で動くのと0秒から5秒で動くのとでは全く速度が変わり印象が変わります。
「速度＝距離÷時間」の関係で変化します。動きを作る際はどの速さが最適なのかを考えていきましょう。

動きの解像度を上げよう

私は、「動きの解像度」という考え方を持っています。「人が歩いている動き」でも状況は伝わりますが、「楽しそうに人が歩いている動き」となると、「なにかいいことがあったのかな？」ともう1つ先を想像することができます。私はこういったことを、「動きの解像度が上がる」と呼んでいます。
ここまでお伝えしたことを意識しながら、動きの解像度を上げて、より伝わりやすく完成度の高い作品を作ってみてください。

序章　そもそも、動きってなんだろう？

第 **1** 部

動きの基礎を知ろう

動きを効果的に伝える方法はいくつもあります。

まずはどんな考え方があるかを見ていきましょう。

第 **1** 章

動きのための
表現の基本

意図をもって状況に合わせた動きをつけましょう。
動きの基本を知ることが人に伝わる表現の第一歩です。

01

関連項目
06、33

動きの特徴を捉える

まず、動きとはどういったものなのかを考えましょう。作り手が動きを理解をして作ることが、自然な動きを作るための第一歩です。

せっかく動きを作ったのに、「なんか違う？」と思ったことはありませんか？　動きによって状況は説明できているのになにかが違う……。そんなときに、どうすれば意図した動きになるか考えていきましょう。

動きを作るときは、基本的に現実で見慣れている動きを作ることが大切です。そこから、魅せるポイント、省くポイントを考えていきましょう。アニメーションにはこういったポイントを掴むための色々な手法が用意されています。

動きを作るときに私が気をつけているのは「動きをリアルに再現する」ことではありません。「動きの特徴を捉える」という部分を大切にしています。動きの特徴を伝える方が、シンプルでわかりやすいと感じるからです。

次節からはさっそく、私が普段から意識している動きの特徴を捉えるためのヒントをお話していきます。

Advice

自分が作りたいものではなく視聴者の常識に合わせた動きや演出を考えましょう。

02

関連項目
31、98

動きを予測させる

突然大きな動きが発生すると、見る側は驚いてしまいます。事前に動きを知らせるように工夫しましょう。

ボールを投げる前に振りかぶる動作があると、「これから投げてくるな」と予測することができます。動きでもこのような予備動作を入れるとリアルに感じます。

また、人は目に入ってきた情報を脳が認識するまでに0.1秒ほどかかるといわれています。メインの動作前に予備動作を入れておくことで、動画を見る側がスムーズに予測することも可能になります。

予備動作のもう1つの効果として、視線誘導をスムーズにすることが挙げられます。動いたものに目を向かせ、その先に伝えたい情報や動作を用意することで、伝わりやすさを向上させましょう。

動きのポイント

- 動きの前兆を知らせ、動きを予測させる
- 動きの反対の動きを入れる
- リアリティが生まれ、メインとなる動作が引き立つ

モーションの例

- ジャンプする前に屈伸する
- シェイプが大きくなる前に一瞬ちぢむ

動きを予測させることで、視聴者に情報をしっかりと伝えるように心がけましょう。

03

関連項目
63、105

動きの連動と追従

いくつかのパーツで構成されている物体は1つの動きに周りが連動して動きます。
1度に全てが動き始めるのではなく、時間がずれることにも注意しましょう。

振り向く動作ごとに髪の毛が追従してくるように、メインの動きから遅れて付属のパーツは動き出します。動きはそれぞれが独立しているように見えて連動しています。
しかし、動きが「1つの動きの塊」だとしても、同時に全てが動き出すことは、余程のことがない限りありません。メインの動作後にも動きは連鎖して続いていきます。慣性や質量の違いも意識する必要があります。そしてメインの動きの後にも付属した動きが動き続けます。これが追従です。

動きのポイント

- 動きは連動する
- 動きは根本から先に向かって動いていく
- サブの動きはメインの動きに引っ張られる

モーションの例

- 顔と連動する髪やイヤリング
- 手を振ったときの肩、腕、手

Advice

全てのものが別々に動くのではなく、連動して遅れながらついてくるという意識を持ちましょう。

04

関連項目
95、96、97

動きの緩急

動きには緩急があります。一定の速度の他にも加速や減速があり、作り手は状況によってなにが最適か選択する必要があります。

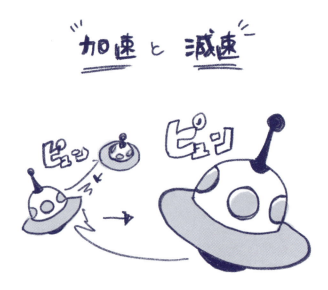

停止した状態から動きだすとき、その対象が突然動き出したり止まるということは、日常では基本的にありません。
状況や質量によってだんだんと加速したり、減速したりして止まることがほとんどです。こういった動きの緩急を再現することは伝わりやすさにつながります。
加速や減速は、重力や摩擦力などによって変化していくので、動きを表現するときには考慮するようにしましょう。

動きのポイント

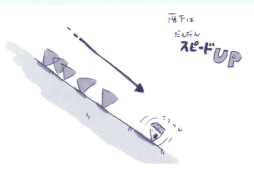

- 「加速」はだんだんと速くなる ● 「減速」はゆっくりと止まる
- 加速と減速とが強くかかるとピュンとした動きになる

モーションの例

- ロケットが加速しながら飛んでいく ● 車がブレーキをして速度を落とす

Advice

自然界には一定の速度で動き続けるものは少ないので、緩急を含めた動きを考えましょう。

05

関連項目
20、45、81

動きの曲線

動きは直線と曲線に分かれます。人工物は直線的、自然界の動きでは曲線が多く見られます。

人が歩くとき、肩から腕、手にかけて曲線を描きながら動きます。この動きを曲線運動といいます。

曲線を意識することで現実の動きに近づけることが可能です。例えば、ボールを投げたときの放物線やバウンドも曲線です。ただ、これらには速度も関係してきます。

速度があまりにも速いと、ものは直線的に動きます。ボールを投げたときに、速度が遅ければ放物線に、速度が速ければ直線に近づいていきます。

動きのポイント

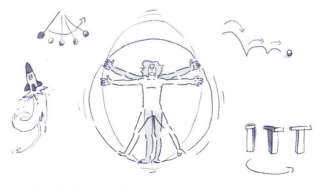

- 現実の世界には曲線的な動きが多い
- 速度が速くなると直線的な動きに見える

モーションの例

- 蜂が飛んでくる軌跡
- 手を振る
- 振り返る動き

Advice

滑らかな曲線は動きをイキイキとさせます。キレイな曲線になるように意識しましょう。

06

関連項目
47、97

動きにメリハリをつける

動きを誇張することでメリハリが生まれ動きのリズムが生まれます。感情をよりわかりやすくするのにも大事な要素です。

小鳥が歩くシーンを想像してみてください。小鳥は、歩き出しはだんだんと加速し、止まるときはじんわりと減速して止まりませんでしたか？ アニメーションでは動きを誇張して、実際の動きよりも強調して表現します。これは、視聴者により伝わりやすくするための手段の1つです。

伝えたい印象を強くさせることで、見る側に状況や感情をわかりやすく伝えることができます。ただし、状況に合わせた表現をするように心がけましょう。シリアスな内容なのに、動きを誇張しすぎてしまうとコメディのようになってしまいます。

動きのポイント

- 実際の動きを強調して表現する
- 強弱をつけることで、動きの意味をわかりやすくできる

モーションの例

- びっくりして目が飛び出す
- 怒りで悪魔に変身する

Advice

実際の動きよりも強調して表現すると、躍動感が出て、伝わりやすくなります。

第1章 動きのための表現の基本

07

関連項目
99、100

物体の質量

物体ごとの質量（重さ）に合わせて動く速度は変化します。軽いものは動き出しが速く、重いものはゆっくりと動き出します。

物体の質量や重力によって、動きは変化します。鉛が落下すると「ドカン！」と衝撃が大きくなり、羽が落下する場合は風になびきながら「フワリ」と落ちてきます。
動きを作る際には、まず「どのようなものに動きをつけているのか」を意識するようにしていきましょう。

動きのポイント

- 質量の大きいものは速度を遅くし、質量が小さいものは早く動かす

モーションの例

- ボールの跳ねる動きは周りに影響が少ない
- 隕石がぶつかると大きな衝撃が起こる

Advice

物体が持つ質量によって動きの持つ力は変動します。誰が見ても共感できるように動きを調整しましょう。

08

関連項目
87、108

素材の柔らかさ

ゴムボールか、ボーリングの玉かなど、物体の柔らかさによって、はずみ方も大きく変化します。動かす前にどんな質感なのかを考えておきましょう。

物体の素材によって、動きの反応は変化します。ボールは柔らかく跳ね、岩は「どすん！」と落ちるようにです。
ボールが落下する際に、もとの形状よりもボールが伸びたり、地面にぶつかることで潰れるようにすることで、動きをより自然に見せることが可能です。こういったテクニックは「潰しと伸ばし」と呼ばれ、物体の重さや柔らかさを表現することが可能です。

動きのポイント

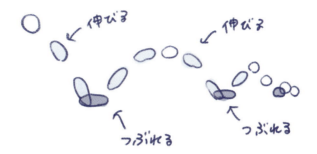

- ぶつかった衝撃で、ものは潰れる
- 跳ね上がった勢いで、ものは伸びる
- 形状が変化しても質量は変わらない

モーションの例

- 柔らかいボールのバウンド
- 人がジャンプする動き

Advice

柔らかいものは動きによって形状が変化します。その際に質量を変えないように注意しましょう。その反対でかたいものは形状を維持しようとします。

09

関連項目
33、34

伝わりやすい構図

スクリーン上の空間の配置にはなにかしらの意味があります。目的を伝えやすくなるアングルを見つけてしっかり演出していきましょう。

画面の状況を伝える場合、重要度や関係性などをわかりやすくするためには構図の工夫が重要です。動画の場合は、カメラの配置と考えてもOKです。

俯瞰や煽りで力関係を示したり、重要なもの順に大きさを変えたりするなど、見る側に伝えたい内容を直感的に伝わる仕組みを考えましょう。直感的に伝える演出力は動きを伝えるために非常に重要です。

動きのポイント

- 構図によって伝えたいことをより伝わりやすくできる
- 演技、撮影、指示の3つの考え方をもっておく

モーションの例

- 上から見下ろす
- 下から見上げる
- 対象に照明を当てる

Advice

カメラのアングルによってスクリーンの印象が大きく変わります。伝えたい内容に合わせて構図を工夫しましょう。

10 メインを補助する動き

関連項目
87、105

アクションを補助する動きが加わることで動きの質感が上がりより伝わりやすくなります。補助する動きにも目を向けてみましょう。

「物体が出現したときに周りに星のオブジェクトが出現する」「落下したときに破片が飛び散る」など、メインの動きをよりわかりやすくするためには周囲の動きとの連動が非常に大切です。
メインの動きをわかりやすくするためには、その周りのものがどう影響されるかを意識することがポイントです。

動きのポイント

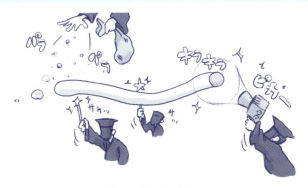

- サブの動きは、メインの動きの引き立て役
- サブの動きによって、考えや感情をわかりやすく伝えられる

モーションの例

- Saleという文字が飛び出したときの勢いの煙や線
- BOMの文字の勢いを付けるシェイプモーション

アクションシーンの殴られ役の演技など、メインの動きだけでなく周りの動きによっても印象度は変わります。

11

関連項目
102、109

点と線とシェイプ

点に目が止まり、線を見ると目線が動きます。形が持つ動きを考えて取り入れましょう。

人の目線を動かすヒントとして、点があるとそこに目が止まります。線であれば方向を持つため目線が動きます。三角形では、1番尖っている部分へと目を動かします。四角形で囲えば、落ち着いた雰囲気を出すことができます。

このように形状の目線誘導をうまく活用して視聴者の目線をコントロールしていきましょう。

動きのポイント

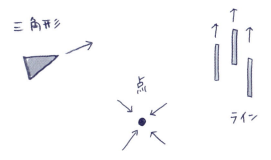

- 点は、その部分に目を向かせる
- 線は、その延長上に目を向かせる
- シェイプを利用することで、視線をコントロールできる

モーションの例

- 三角形を登場させて先端で目線誘導する
- 中央に丸を置いてその中心に線を動かす
- 落下時にラインを使い方向を制御する

Advice

点や線を有効に使うとスクリーン上の目線誘導として効果を発揮します。動きの補助に使いましょう。

第1章 動きのための表現の基本

12

関連項目
33、47

動く時間を考える

同じ動きでも変化する時間が長いと速度がゆっくりになります。イメージに合う速さを意識しましょう。

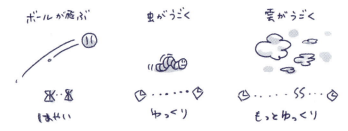

同じ動きでも、動く速度が違うと印象が変わります。適切な速度を設定しなければ、きちんと情報を伝えられないこともあります。

しかし、ただ速度を遅くすればよいものではなく、感情を伝えたい場合などはその雰囲気に合わせた動きの速さがあります。状況を見て整えていきましょう。

例えば年齢によっても歩く速度は変わります。ランニングをしている男性であれば速く走り、老人の散歩であれば超スローになるなど、同じ距離を移動する場合でも速さが異なります。

動きのポイント

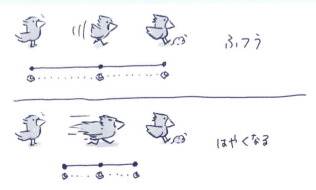

- 動きが速いと、動く時間が短くなる
- 動きが遅いと、動く時間が長くなる

モーションの例

- ランナーが速く走るので早く到着する
- おじいさんは歩くのが遅いので到着までに時間がかかる

Advice

速度は「距離÷時間」です。同じ距離の移動でも時間の長さによって速度が変化します。

13

関連項目
09、33

平面を立体的に見せる

実際に目で見ている現実は立体です。平面のスクリーンを立体に近づけるにはどうすればいいでしょう？

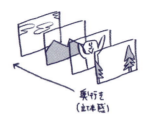

映像は、最終的にスクリーンの平面での表現になります。しかし、肉眼で見ている現実世界は立体です。動画では、平面を立体空間に思わせることで、視聴者に没入感を与える必要があります。

奥行きを感じさせ、立体的に見せることも考えましょう。これは3D表現を使うということではありません。「立体的に見えていること」が重要です。平面のスクリーン上で質量や奥行きを感じさせるように工夫しましょう。

動きのポイント

- 奥行き、質量を感じさせることで、立体感が生まれる
- 物体の動きが同じ速さであれば、遠くのものは遅く、手前のものは速くする

モーションの例

- 影をつける（立体をイメージさせたいとき）
- 光を当てる（奥行きをつけたいとき）
- 手前や奥の大きさを変える（奥行きをつけたいとき）

Advice

人は立体で空間を見ています。平面のスクリーンをどうすればそれに近づけるかを考えましょう。

第 **2** 章

自然な動きを作るための法則

人の反応を引き出すために動きをつけましょう。
ここでは見る人に「なにか見たことあるな」と感じてもらえるために
どうすればよいのかを考えていきます。

14

関連項目 74、78

止まる動き

変化し続けるだけでなく、その場で変化せず停止していることも動きには重要です。

ボールが止まるとき、急には止まりません。地面との摩擦などで速度が落ちてきて、最後に停止します。これは重力や摩擦力などによるものです。アニメーションをつけるときには、動かさないという選択肢も持ちましょう。止めることで動き出す前のタメや周りとの動きの強弱を作ることが可能です。「動かない動き」も大事な要素だということですね。

動きのポイント

- いったん止まる動きを入れると、動きにメリハリが生まれる
- 「動かないという動き」を意識する

モーションの例

- 1度立ち止まる
- 瞬間移動する
- 動きの途中を見せない

Advice

止まることで、前後の動きとのコントラストが生まれます。

15

関連項目
99、104

動きを止める障害物

動きはどうやって止まるのでしょうか？ 障害物があるかないかで止まり方も変わってきます。

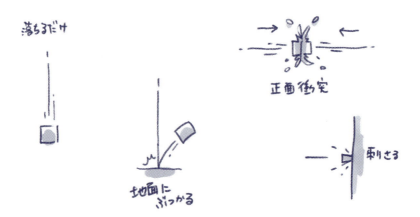

動きが止まるときを考えてみましょう。ものが向かう先に壁はありますか？ 壁がない場合は、だんだんと減速して止まればいいですが、壁がある場合は、壁との衝突が起こり別の動きが発生します。
これは実際に障害物が存在していなくても同様で、空想上の壁を想定して動きをつける場合もあります。

動きのポイント

- 透明な壁や地面を想定して、動きを考えてみる
- なにかにものがぶつかるまでは加速する
- ぶつかったときの反動も意識する

モーションの例

- 勢いよく突き抜けてインパクトを高める
- テキストが落ちてきて中央で跳ねる

Advice

ものを動かすときに、透明な壁や地面をイメージして動きを考えてみるとよいでしょう。

16

関連項目
02、102

動きには敏感に反応する

なにかが動き出すときに、人はその動きに目を向ける習性があります。必要のない動きは動画の中では不要です。

カエルが急に飛び出してきたら、びっくりしてそちらを見ませんか？ 人は動きに敏感なので視線が動きやすくなってます。その場面に新たな動きを発生させ、そこからまた新しい展開を作って物語を進めていきましょう。

動きのポイント

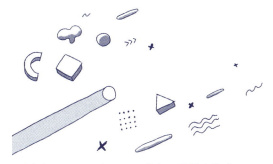

- 新しく動きが生まれると、人はその動きに目線を移す

モーションの例

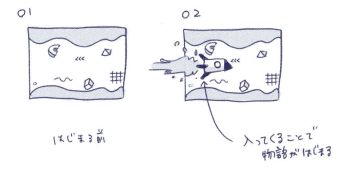

- 画面中央のロゴの一部が動き出すことで場面が進み、シェイプが飛び出してきて場面が切り替わる

全てのものが動くと、スクリーン上でのものの重要度がわからなくなることがあります。次の動きのトリガー（きっかけ）のみを動かしその他の動きは抑えましょう。

17

関連項目
10、105

別の大きな力による動き

動きには、自主的な動きと受動的な動きがあります。今動いている原因はどちらなのかを考えましょう。

　自分で動き出すか、周りに動かされるかでも、動きは変わってきます。また、押されたり、引っ張られたりすることで動き出しも変わってきます。例えば、段ボール自体が自ら動き出すのと、人に押されて動き出すのでは、動きの質が異なります。ものを動かすときには、「なぜ動き出したのか」を考えるようにしていきましょう。

動きのポイント

- 外からの影響を受けたときは状況が突然変化する

モーションの例

- 中央にあるテキストにシェイプがぶつかってテキストがはじける
- 机を叩いた際に筆記用具が跳ねる

Advice

風、水、火など、自然の影響も外部要因の1つです。

18

関連項目
45、99

落ちる動き

重力とは地球が物体を吸い寄せる力です。落下する動きなどに深く関わってくるので動きを作る際には取り入れましょう。

木からりんごが落ちる場合、地面にぶつかるまで加速していきます。これはりんごが地球の重力に引っ張られているからです。
落ちる動きを作るときは、一定速度でものが進むのではなく、地球に引き寄せられるため、加速していくことを覚えておきましょう。

動きのポイント

- ボールを投げると上に進むが、重力でだんだん下に落ちてくる
- 単純な落下の場合は、だんだんと地面にぶつかるまで加速する

モーションの例

- 上からシェイプが落下してくる
- 植木鉢が落ちてきてテキストにぶつかる

Advice

自由落下の場合、速度は加速していきます。なにかにぶつかる瞬間まで、減速させないようにしましょう。

第2章 自然な動きを作るための法則

19 はじける動き

関連項目
102、104、107

はじける動きを作るときは、その場にエネルギーが発生してだんだんと弱って消えていくイメージを持ちましょう。

物体同士が勢いよくぶつかったとき、ものははじけます。その際、はじけた直後が1番エネルギーが強く、そこからだんだんと弱くなっていくことをイメージしましょう。
テキストに合わせて、ものが勢いよく出現するときなど、意識するシーンが多い表現です。この動きには、視覚的に勢いを補助する働きがあります。

動きのポイント

- 対象がはじけた直後がもっともエネルギーが強く、そこからだんだんと減衰していく

モーションの例

- 文字が飛び出してくるときの装飾
- 地面にぶつかったときにものの破片が飛び散る

Advice

なにかをはじけさせるときは、最初の勢いと最後の収束にメリハリをつけることを意識しましょう。

第2章 自然な動きを作るための法則

20

関連項目
05、100

ふわふわした動き

浮遊感や無重力感は空中に浮いているイメージです。柔らかなゆったりとした動きになります。

空中にものが漂っているときの動きです。障害物がなく、ふわふわしているように見せるためには、無重力感を意識しましょう。
ふわふわした動きは軽い動きなので、速度もゆったりとさせる必要があることにも注意しましょう。

動きのポイント

- 空中に浮いているように浮遊感を出す

モーションの例

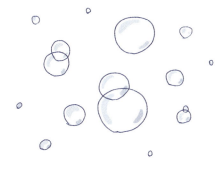

- 雲がふわふわと浮く
- 泡がふわふわと浮いている

Advice

物体が空中に浮いているような状況をイメージしましょう。「行きすぎて戻る」動きを意識するとよりよいでしょう。

21

関連項目 100、101

物体は急には止まらない

首を振るとその後に髪の毛がついてくるように、突然動き出した力に引っ張られるかのように動き出す力が慣性の力です。

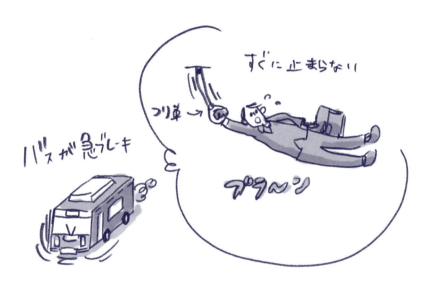

物体は、外から力を与えられない限り運動状態が変化しません。なにもしなければ、ずっと動き続けるか、ずっと止まっています。これが慣性の力です。電車に乗っているときに、急ブレーキがかかる場面をイメージしてみましょう。電車は大きく減速し、乗っている乗客は後ろからなにかに押されたかのように力が加わります。これも、慣性力が原因です。

動きのポイント

- 一連の動きが連動して動くことを意識する

モーションの例

- 土台の動きの後に、その上に載った荷物が動く
- 車が急に止まる

Advice

その場でメインのアクションが止まったとしても、付随する二次的な動きには遅れて影響が加わります。

第 **3** 章

知っておきたい動きの切り替え

動きが効果的であれば視聴者に違和感を与えずに物語を進めることが可能です。その基本パターンを見ていきましょう。

22

関連項目
92、109

速いところで切り替える

動きが速ければ速いほど人は空間認識が甘くなります。そのタイミングが、情報を切り替えるチャンスです。

視覚変化を動きの速い部分で切り替える方法です。人の目が認知できない速度の速いタイミングで対象を切り替えることで変化の違和感を和らげることが可能です。

動きのポイント

- 動きに緩急をつけて、動きの速い部分で次の動きにバトンタッチをする

モーションの例

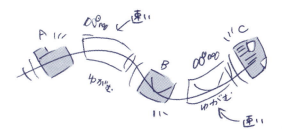

- 速いところでアイコンが次々と切り替わる
- テンポよく次々とテキストを切り替える
- キャラクターAが回転したタイミングでキャラクターBに切り替える

Advice

速さによる切り替えは、動きを変化させやすい部分です。ぜひ試してみてください。

23

関連項目 49、53、109

回転で切り替える

緩急をつけた回転によって、視聴者の空間認識を甘くさせることが可能です。また、回転する軌跡を誇張すると勢いが増します。

物体が回転することで、その動きの残像が別の形に見えることがあります。この現象をうまく使って別の形に切り替えてみましょう。回転の1番速いタイミングを使えば、スムーズに形が切り替わります。

動きのポイント

- 速度の速い部分で形を切り替えると、違和感が少なく済む

モーションの例

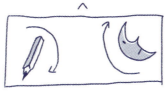

- 鉛筆が回転し、速さのピークで月に切り替わる
- その場で犬がくるっと回転したら鳥に切り替わる

Advice

この動きを使う際は、円を連想させるようにするとよいでしょう。

24 移動で切り替える

関連項目
50、109

移動する動きは方向を持っています。その方向を次の動きにつなげて場面やものを切り替えてみましょう。

移動速度が速い部分で別のレイヤーに切り替えると、スムーズなつなぎになります。速度で発生する歪みを用いて、別の形にして切り替えても面白いでしょう。

動きのポイント

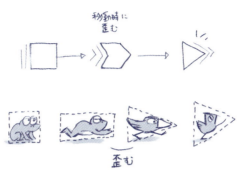

- 動きが速いと形が歪むことを意識する

モーションの例

- スマホの画面を左から右にフリックして切り替えていく

Advice

歪みによってものの形を変え、次の動作に切り替えましょう。

25

関連項目
52、109

大きさで切り替える

大きさを変えることで消したり、出現させたりすることが可能です。始まりや終わりの動きなどとも組み合わせましょう。

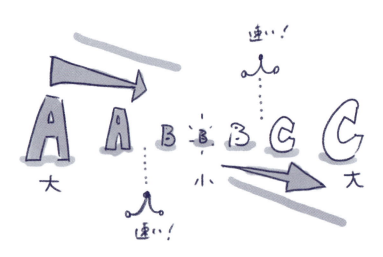

大きさの変化で別のレイヤーに切り替えます。切り替えるタイミングは、変化量が大きい部分にするとよいでしょう。
ポイントとしては、大きくなるのであれば切り替える方も大きくなるようにすると馴染みやすいです。

動きのポイント

- スケールの縦横比に注意する
- 大きさの変化が大きいところで切り替える

モーションの例

- ぼわんとお化けが出現する
- 中央のロゴが消えるタイミングで次のテキストが大きくなって現れる

Advice

速度が速い部分では、人間の目はあやふやになります。その部分で切り替えることで、切り替えの違和感をなくすことが可能です。

26

関連項目
66、102

形で合わせる

動きが変わるときに大まかに前後のものの形を合わせて切り替えると違和感なく場面を切り替えられます。

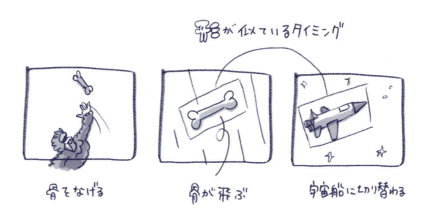

同じ形を連想できるタイミングで対象を切り替えることで違和感なく切り替える方法です。
例えば、空中になげた骨が宇宙船に変わる動きなどがそうです。この場合は、長方形という共通点で切り替えています。

動きのポイント

- 形が一致するポイント作って切り替える

モーションの例

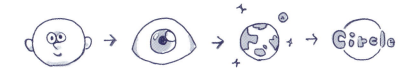

- 目のアップから満月のシーンに切り替わる
- 顔から目にズームし続け目の中に地球、そして最後にロゴが現れる

Advice

シルエットを同じにするイメージを持つとよいでしょう。丸から丸、三角から三角など、少し引いた目で形を考えるのがおすすめです。

27

関連項目
98、101

動きの方向を合わせる

動きの方向を合わせて場面を切り替えることで、流れを止めずにストーリーを進めることが可能です。

動きの方向で切り替える方法です。人が見ている目線誘導を利用した切り替え方です。
例えば、1カット目で左から右に動き、2カット目でも左から右の動きを続けることで、スムーズにつなげます。

動きのポイント

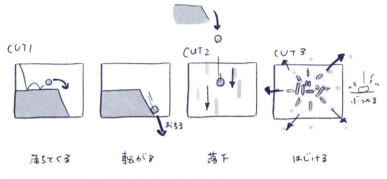

- 動きの方向を統一することで一体感を出す

モーションの例

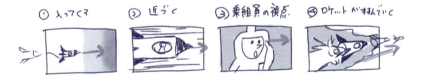

- ロケットの進む方向とキャラクターの視線の方向を揃える

Advice

動きの方向が変わると、視聴者が目線を見失ってしまうので、没入感がなくなります。意図的なものでなければ、連続した動きがつながるように方向を合わせましょう。

28

関連項目
32、33

色で変える

同じ色の中で1つだけ色がつくと、人はその部分に目が向きます。

　色を変化させることで、目線を動かすことが可能です。例えばモノクロの世界の中で、1つだけりんごが赤く輝いていればどうでしょう？　そこに目が止まります。人は「赤は危険」や「緑は安全」など、色とイメージをつなげて連想するので、動きにも活かしましょう。
　色が多いとそれだけ目線をコントロールする難易度が上がります。まずはシンプルに構成して色を制御していきましょう。

動きのポイント

- 目線を持っていきたいものに印象的な色をつける

モーションの例

- 人物が踏切のライトの明滅で足を止める
- 読ませたい部分の文字の色を変化させる

Advice

色によって感じる印象は変わります。赤は情熱的、青は平静、緑は安全などです。色の力を使って動きの補足を行いましょう。

29 ピントをぼかす

関連項目 30、32

見せたいものだけピントを合わせ、その他をぼかすことでどこを見せたいかをコントロールすることが可能です。

人間の目は実際に見たいものだけにピントを合わせ、その他をぼかす機能を持っています。この効果を使って画面全体の情報量を落として伝えたいものをわかりやすくしましょう。

最近ではスマホでも当たり前のように背景がぼやけた映像を撮ることができます。動きを作る際にも、必要なものを見せるための画面演出として選択肢に加えておきたいところです。

動きのポイント

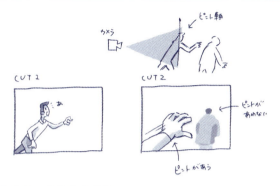

- 見せる対象をはっきりとさせる

モーションの例

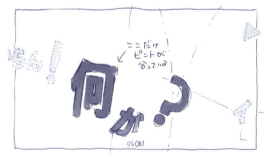

- 次々と映し出される文字のうち、読ませたい部分だけにピントが合っている
- 人物が話している場面で、その人物のみにピントを合わせる

Advice

エフェクトのブラーを使ったり、3D空間の被写界深度を使ったりすることで、実現可能な表現です。

第 **4** 章

動きをデザインする

動画には時間軸を持つデザインが必要です。
止まっていないデザインをどう考えていくのか
ヒントを紹介していきます。

30

関連項目
02、45

目線を作る

街中で誰かが突然上を向くと、つられて上を向いたりしませんか？ 人は動きが生まれると気になるものです。この性質を利用しましょう。

人は動きに敏感です。古代では、周りのものの動きを認識できないと命の危険に直結したので、生き物として動きに敏感になるのは当然のことなのです。この特性をうまく利用し、目線をコントロールしましょう。1番激しい動きに目がついていくのがポイントです。次に「どこを見せたいのか？」を考えながら、動きの連鎖を作っていきましょう。

動きのポイント

- 画面上で新しい動きが発生するとそこに目が向く

モーションの例

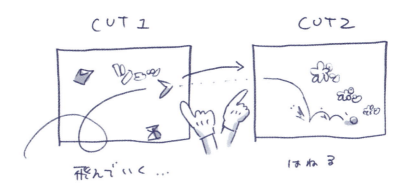

- シェイプの軌跡を発生させて目線を誘導する

Advice

その場の目的を伝えるために、対象を動かしましょう。意味のある動きを考えることがポイントです。

31

関連項目
09、33

ルールを守る

それぞれの動きがすばらしくても、動きのルールがバラバラだと視聴者が内容を理解するまでに時間がかかります。ルールを決めて魅せることも大事です。

短い時間でスクリーン上の情報を視聴者に理解させたいときは、デザインや動きをパターン化してみましょう。
同じ動きのグループは基本的に動きのカーブを揃えます。揃えることでタイミングやリズムがまとまります。

動きのポイント

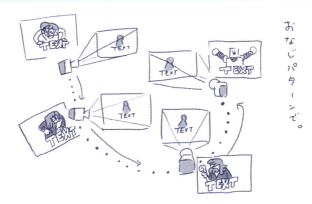

- 何度も見せるレイアウトはパターンを合わせる

モーションの例

- スマホでの会話を交互に見せる
- カメラがずっと画面の中央を進んでいき物語が進む

Advice

動きのルールを作りパターン化すれば、視聴者は2度目以降にそのパターンを理解しやすくなります。

32

関連項目
47、90

強弱をつける

主役を引き立たせるために脇役との動きのギャップを作りましょう。見せたいもの以外の動きは大人しくさせるのも1つの方法です。

なにを伝えたいかによって、画面上の物体の大きさや速度の強さを変えてみましょう。空間レイアウトの例としては、大きく見せることで主人公が一目でわかるようにしてもいいですね。

また、動きの印象も速さによって大きく変わります。「とても速いのか」「少し速いのか」や、止まる際なら「減速していくのか」「ぶつかるまで加速していくのか」など、動きの強弱でその場の印象をコントロールしていきましょう。

動きのポイント

- 重要な要素だけしっかり動かす
- 伝えたいものだけを鮮明にし他は省略する

モーションの例

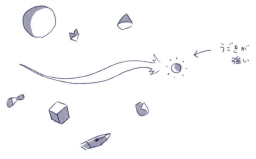

- ボールが中央に勢いよく流れてくる。周りはゆったりした動き

Advice

全てが速い動きだとメリハリがなく意図がつかみにくいです。前後のタメや余韻を作り、伝えたい部分を演出しましょう。

33

関連項目
09、90

伝わりやすさを考える

楽しい、悲しい、怒っているなどその場の感情が1番伝わりやすい状況を作りましょう。普段見ているものよりもあえて誇張していくのがおすすめです。

とにかくわかりやすく演技させましょう。シンプルな動きであれば見た瞬間に伝わることが理想です。視聴者が動画を止めてそこだけ見直すことは極めて少ないので、1回で伝わるようにわかりやすく作っていきます。

伝わりやすい動きの表現には、予備動作、余韻などもあります。目に映ったままを表現するのではなくそのときに感じるものを再現していきましょう。

動きのポイント

- 自分だけが理解できる表現ではなく、視聴者にしっかりと伝わるようなわかりやすい表現を心がける

モーションの例

- 嬉しい知らせを受け、ガッツポーズする
- 邪魔をされて腕を組んで怒る
- 地面にへたりこんで失敗して落ち込む

Advice

シンプルに意味を伝えるように配慮しましょう。複雑になればなるほど、理解に時間がかかります。

34

関連項目
90、101

情報と感情を連動させる

画面上の情報を動きをによって補助することで、感情をより伝わりやすくすることができます。

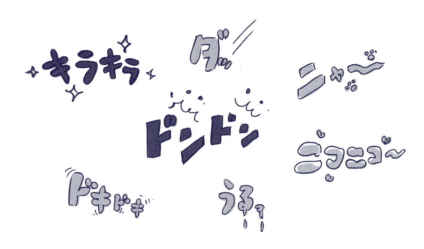

動きと感情は、リンクしています。動きを作る際には、「その感情をしっかりと伝えられているか」が重要です。例えば、オノマトペの「キラキラ」という文字を動かす場合には、キラキラしたイメージになるように、キラっと輝くよう動きをつけましょう。

動きのポイント

- 出現する言葉にあった動きを作る
- 図形などを使って質感を高める

シチュエーション

- 飛び出していく勢いを斜線やテキストを使って補助する

Advice

主役でないものは、あえて動きを固くして演技が下手に感じるような表現をする方法もあります。

第 2 部

これだけは知っておきたい
After Effectsの基本

ここからはAfter Effectsで動きを作る方法について考えていきましょう。効率よく動きを作る機能が数多く用意されているこのソフトとうまく付き合っていきましょう。

第 5 章

After Effectsでの
アニメーション作成の流れ

最初は基本的な動きの流れを知ることからはじめましょう。
構造をしっかりとイメージできるようにしておきましょう。

35 アニメーション作成の基本的な流れを知ろう

関連項目 01、46

この章では、After Effectsの基本的なアニメーションの流れを解説します。あくまで、大まかな動きのつけ方に焦点を当ててお話を進めるため、ソフトウェアの基本構造に関しては省略しています。操作方法ではなく動きを作る流れのイメージを掴んでいきましょう。

MEMO

After Effectsをはじめて使う方は「第6章 After Effectsで知っておきたい機能」を先に読んでおくことをおすすめします。

36 レイヤーの要素を開く

関連項目 43、44、48

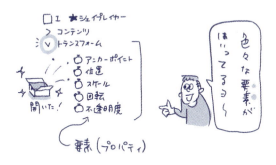

動かす対象（レイヤー）の中には要素（プロパティ）が詰まっています。レイヤーの種類によって、入っているものが変わるので動きに合わせて必要なものを表示させましょう。よく使うものには瞬時に表示させるショートカットも用意されています。例えば位置のショートカットはPです。

MEMO

作る動きは、動かす前にイメージしておきましょう。作業しながら作る動きを考えると、頭の中がこんがらがってしまうことがあります。

37 はじまり（終わり）の時間を決める

関連項目
55、68

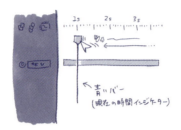

　時間軸（タイムラインパネル）に移動し、動きの開始時間に青いバー（インジケーター）を移動させます。時間を数値で管理したい場合は、時間軸の左上のカウントに直接時間を入力しましょう。1つの動きに対して、最低でも始まりと終わりの2つの時間を決める必要があります。

MEMO

　動きを作る際に、動きの最初か最後のどちらから動きをつけるのかは状況によって変わってきます。例えばデザインを動かす場合、デザインの位置がずれないように最後から動きをつけましょう。テキストのスライドインであれば最初からつけても問題ありません。今作っている動きがなにかで、順番を判断していきましょう。

38 アニメーションの記録をはじめる

関連項目
46、55

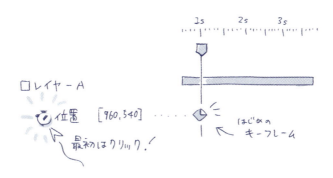

動かす時間が決まったら動きの記録をはじめましょう。レイヤー要素の左にある［ストップウォッチ］をクリックすると、動きが記録されます。また、時間軸を記録した時間にはダイヤのような形のキーフレームが生成されます。これがアニメーションを記録した情報です。

MEMO

After Effectsのアニメーションは自動アニメーションになっていて、最初にストップウォッチをオンにすると、次からは時間を移動してパラメータを変更するだけです。ストップウォッチを2回押してしまうと、アニメーションが解除されてしまうので注意しましょう。

第5章 After Effectsでのアニメーション作成の流れ

39 終わり（はじまり）の時間に移動する

関連項目
55

次に動きの終わりの時間に移動しましょう。青いバーを掴んで移動するのがシンプルですが、その場合、1コマ（1フレーム）単位で目的の時間からずれてしまう時もあるのでしっかりと確認をしましょう。

MEMO

「動き」を作るときは、作成した動きを何度も確認することが多いです。部分的に確認したいのに、全体を再生していると時間がかかってしまいます。そんなことがないようにワークエリアの機能を使って再生する範囲を限定して動きのチェックに集中しましょう。

要素の数値を変更する

関連項目
43、48

最後に終わりの時間の動きをつけましょう。After Effectsはストップウォッチをオンにすると自動でアニメーションが記録される設定になっています。動きをつければ、終わりのキーフレームが生成されます。細かな動きをつけたい場合は、第6章で紹介しているツールや機能を使って再現したい動きに整えていきましょう。

MEMO

動きの付け方には、パラメータを変更する方法と実際にコンポジションパネルから直接レイヤーを掴んで動かす方法の2つがあります。前者であれば数値管理が行え、後者であれば直感的に操作ができるので、状況によって使い分けましょう。空間上で作業する場合は左上に用意されているツールバーが便利なので色々な道具を使って作業を行ってみてください。

41 動きを調整する

関連項目 45、47、82

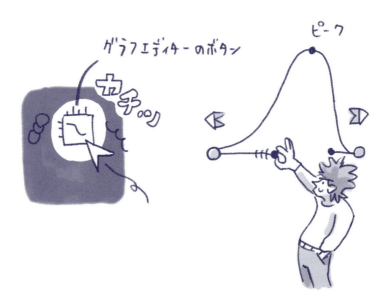

動きの基本（キーフレーム）が作成できたら動きの緩急をつけていきます。まず、時間軸にある［グラフエディター］ボタンでキーフレームを動きのカーブに変換します。そこから動きの性格をつけていきましょう。この動きの緩急のことを「イージング」と呼びます。動きの基本には、一定、加速、減速、停止などがあります。

MEMO

「値グラフと速度グラフのどちらを使えばいいか？」という議論はずっと続いています。どちらも向き不向きがあるので、状況に合わせて両方使っていけるようにしましょう。変な論争には巻き込まれないようにしてくださいね。

第 **6** 章

After Effectsで知っておきたい機能

動きを作る際によく使うAfter Effectsの機能を
ここでは取り上げていきます。
動きを作るうえで、機能を知ることも大事な要素です。

42 フレームレート

関連項目
65

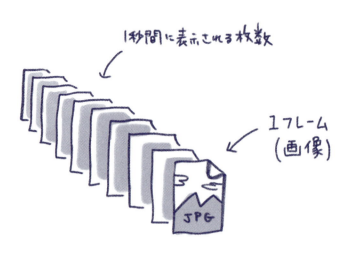

まずは基本から見ていきましょう。「フレームレート（fps）」は、1秒間に何枚画像が動くかの基準のことです。映画だと24fps、Webだと30fpsのように試聴される環境ごとに設定が変わります。フレームレートを下げると動きがパラパラし、上げると滑らかになります。

> **MEMO**
>
> fpsとは、frames per secondの略で、1秒間の画像が変化する枚数を意味します。

43 プロパティとパラメータ

関連項目
46、47

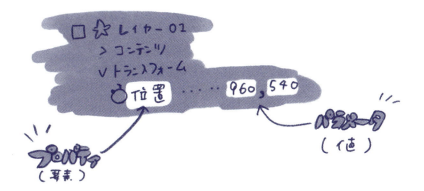

各レイヤーが持つ要素のことを「プロパティ」と呼びます。そして、その要素が持っている値は「パラメータ」と呼ばれます。プロパティによって持っているパラメータ値が変わるので、それぞれがどういった意味を持っているのかを考えながら作業しましょう。

MEMO

位置プロパティはXとYのパラメータを持っています。パラメータは1つとは限りません。

44 座標

関連項目
49、50

レイヤーの軸や、空間のどこにあるのかを確認するために必要な考え方です。作業空間の基準は左上に設定されています。例えばコンポジション（作業場所）が1920×1080だった場合、空間の左上から横に1920個のピクセルが並び、下側に1080個のピクセルが並んでいるということです。

MEMO

レイヤーの現在地の数値は、左上から数えていきます。レイヤーが右に進めばXの値、下に進めばYの値が増えていくというわけです。

45 モーションパス

関連項目
05、60

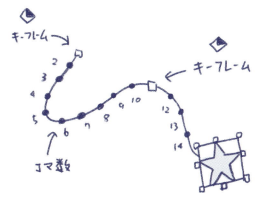

動きをつけると画面上に動きの道が表示されます。これが「モーションパス」と呼ばれるものです。これはパスの扱いなので、ペンツールを使って直線や曲線を切り替えて目的の動きを作っていきましょう。
直線の状態からモーションパスの作業をしたい場合は［環境設定］＞［一般設定］を開いて［初期設定の空間補間法にリニアを適用］にチェックを入れましょう。

MEMO

モーションパスは、動きの道のようなものです。ペンツールで調整可能で、ハンドルが出ていると、曲線の動きに変化します。

第6章 After Effectsで知っておきたい機能

46 キーフレーム

関連項目
43、45、74

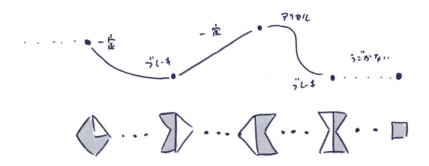

動きの記録をする機能。空間の変化と時間の変化を記録します。キーフレームが打てるかどうかは、基本的に各プロパティの左にストップウォッチがあるかどうかで判断します。1度キーフレームを作成したプロパティは、時間を変えてプロパティの数値を変えるだけで自動記録されるようになっています。

> **MEMO**
>
> キーフレームはアニメーションを記録した情報です。2点以上のキーフレームが必要です。

47 イージング

関連項目 46、74、90

　動きの種類。標準では一定の速度になっていますが、それでは日々目にしている動きと異なることが多いため、違和感を覚えることが多いです。「イージング」は実際の動きに近づけるためには重要な要素の1つで、大きく分けて一定を含めると下図の5つに分類されます。

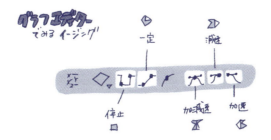

MEMO

イージングはグラフエディターで簡単に変更することが可能です。

48 レイヤートランスフォーム

関連項目
36、46

「トランスフォーム」とはレイヤーの基本の動きのことです。動きの基本となる5つの要素が入っています。

複雑な動きは、いくつかの要素が組み合わさることで成り立っています。レイヤートランスフォームはその場を伝える1番大きな動きの要素といっても過言ではありません。まずはそれぞれの機能の特徴を見ていきましょう。

> **MEMO**
>
> レイヤートランスフォームは、どのレイヤーにも必ずあるもの。細かな動きよりも、まずはこの5つの要素を理解するのが動きの理解につながります。

49 アンカーポイント

関連項目
52、53

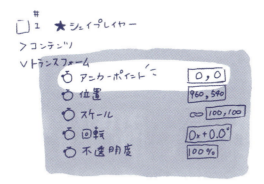

各レイヤーの要素の軸となるピンのようなもの。レイヤー自体の動きはこの「アンカーポイント」を基準にしています。後述する「回転」や「スケール」などの処理にも大きく影響を与えます。
位置はアンカーポイントと位置の2つの要素で制御されます。空間上でレイヤーを動かしたくない場合はツールバーのアンカーポイントツールを使いましょう。

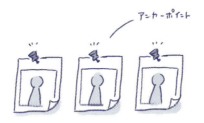

MEMO

アンカーポイントツールを使うと、軸の変更が簡単にできます。ショートカットは「A」です。

50 位置

関連項目
49、51、77

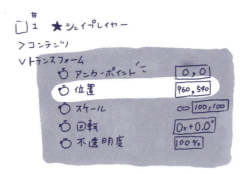

レイヤーが空間のどこにあるかを知らせる要素。コンポジションのどこに配置されているのかを知ることができ、[x（横）,y（縦）] と表記されます。移動させるには選択ツールで空間上で直接レイヤーを動かすか、タイムラインの数値を変化させる必要があります。レイヤーの軸のアンカーポイントが基準です。

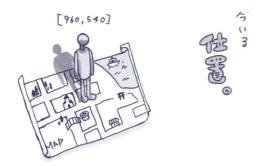

MEMO

レイヤーの現在地を示すものです。スタート地点は左上なので、覚えておきましょう。ショートカットは「P」です。

51 次元に分割

関連項目
50、77

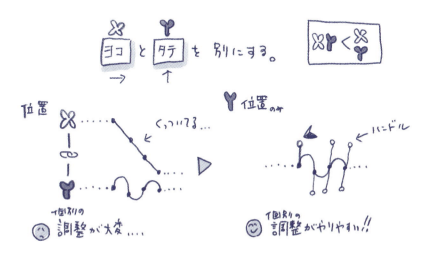

位置のプロパティに用意されている機能。標準は横と縦が1つのプロパティで制御されていますが、別々にコントロールすると操作しやすい場面などで、分割して利用します。ただし次元分割を行うとモーションパスのハンドルが出てこなくなるため、動きの調整をモーションパスで終わらせてから分割するのがおすすめです。

分割すると時間カーブはリセットされてしまうので注意しましょう。環境設定からデフォルトをなににするか選ぶことが可能です。

MEMO

XとYを別々に操作することができます。分割することで細かなイージングが可能になります。

52 スケール

関連項目
25、49

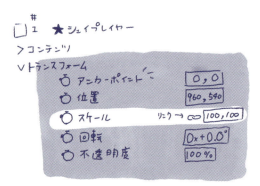

レイヤーの大きさを変える要素。横と縦に分かれているのが特徴です。数値で変更する場合、初期値は横縦がリンクして変化しますが、リンクを解除して別々に設定することも可能です。アンカーポイントの軸がスケールの中心です。

MEMO

重要なものは大きくするとよいでしょう。ショートカットは「S」です。

53 回転

関連項目
49、105

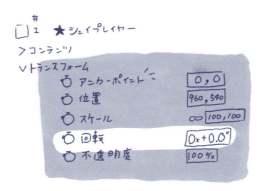

レイヤーを回転させる要素。数値を増加させると時計回りに回転し、数値を減少させると反時計回りに回転します。数値は左から回転数、角度の順番に並んでいます。アンカーポイントの軸が回転の中心です。

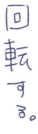

MEMO

勢いをつけるときの助走の表現にも使えます。ショートカットは「R」です。

54 不透明度

関連項目
103

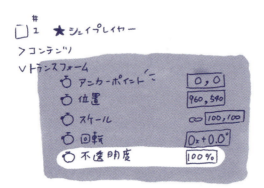

レイヤーを出現させたり消したりすることができます。レイヤーを透けさせることで、他のレイヤーと合成することにも利用します。

> **MEMO**
>
> なにもないところから文字が表示されたり、消えたりしていく動きの表現に使えます。ショートカットは「T」です。

55 選択ツール

関連項目
45、81

レイヤーを動かす

グラフの間隔を調整

ここからは左上の「ツールバー」と呼ばれるパネルにまとまっている各ツールについて解説していきます。

動きを作るうえで1番使うのがこの「選択ツール」です。空間上ではレイヤーの移動、モーションパスの調整、シェイプ形成など、時間軸でもキーフレームや動きカーブの調整など幅広く利用されます。

MEMO

他の作業をした後は選択ツールに戻す癖をつけておきましょう。ショートカットは「V」です。

56 手のひらツール

関連項目
79

手のひらで掴んで、対象を移動させることが可能なツールです。動きをつけやすい位置に作業場を動かしたり、グラフエディターの動きカーブを見やすい位置に移動させることができます。レイヤーの上下移動の際にも便利です。

MEMO

スペースキーで一時的に手のひらに切り替えることが可能です。ショートカットは「H」です。

57 回転ツール

関連項目
49、53、58

空間上でレイヤーを回転させることが可能です。このときの基準もアンカーポイントの位置になります。事前にアンカーポイントツールで軸を決めてから動きをつけましょう。

MEMO

数値が上がると時計回りに回転し、アンカーポイントで軸の位置が変わります。ショートカットは「W」です。

58 アンカーポイントツール

関連項目
52、53

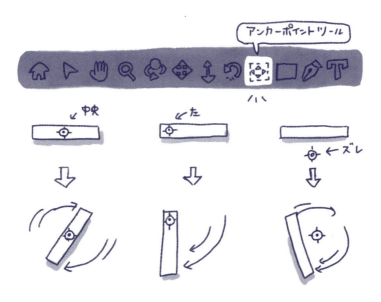

レイヤーの軸を変更する際に使用します。配置されているレイヤーの動きはアンカーポイントと位置の2つのプロパティが大きく関係します。そのため「アンカーポイントツール」はこの2つのプロパティを相対的に調整します。キャラクターの関節の軸や、スケールが大きくなるときの中心になります。

MEMO

レイヤーのアンカーポイントと位置が同時に変更されます。ショートカットは「Y」です。

59 シェイプツール

関連項目
66

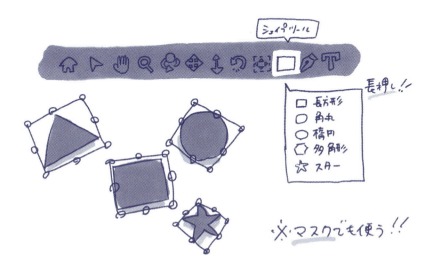

長方形、楕円、星など様々な形を作る機能です。状況に合わせて塗りと線の設定を行います。グラフィックとしてだけでなく、トラックマットやマスクなどの表示範囲を決める作業にも利用します。正方形や正円を作りたい時は[Shiift]キーを押しながらダブルクリックすると簡単に作成することもできます。

MEMO

レイヤーを選択したまま描画するとマスクに変わってしまうので注意しましょう。シェイプレイヤーの中では複数の図形を持つことができます。

60 ペンツール

関連項目
79、94

ペンでフリーハンドで描画する際に使用します。空間では図形やレイヤーマスクを作成できます。グラフエディターではキーフレームを追加したりハンドルを切り替える際にも利用します。図形の描画、マスクの作成、モーションパスや値カーブの調整に使います。

MEMO

既存のレイヤーを選択しているとマスクが変化します。ショートカットは「G」です。

61 シェイプ

関連項目 27、66

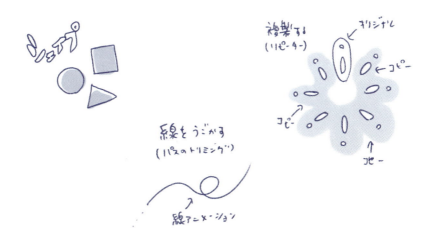

図形の形の情報。図形は最初からパラメータを持っているものと持っていないものがあります。コンテンツにある［追加］ボタンから図形をアニメーションさせる要素も追加でき、弾けるモーションやラインアニメーションなどにも利用されます。パスなので、拡大縮小しても荒れない利点がありますが、エフェクトをかけた場合処理順序が変わるので注意しましょう。

> **MEMO**
>
>
> 弾けるモーションや線を描く動きなどには、シェイプに用意されている効果を使用します。

62 テキストアニメーター

関連項目
12

テキストレイヤーは文字として情報を伝える機能です。通常は文字を一つの塊として動かしますが、テキスト情報には「アニメーター」という機能が用意されていて、文字をバラバラに動かすことが可能です。文字単位で動くことでより感情的な動きの印象を持たせましょう。
アニメーターはレイヤーのテキスト情報右側の［アニメーター］ボタンから簡単に追加できます。

MEMO

リリックビデオなどを作る際に、文字をバラバラに動かしたりするときにも重宝します。

63 親子関係

関連項目
10、105

レイヤー同士をリンクする機能です。タイムラインパネルの［親とリンク］項目から設定できます。それぞれのレイヤーを同じ動きの塊にするときに重宝します。子レイヤーは、親になるレイヤーを基準にするパラメータ表示になるので注意しましょう。［Shift］や［Option］（Alt）を押しながら親レイヤーにドラッグすることでリンクした際の座標が変わります。リンクはプルダウンから親レイヤーを選択することが可能です。

MEMO

レイヤー同士をリンクさせることができます。メインとサブの動きを連動させることも可能です。

64 モーションブラー

関連項目
109

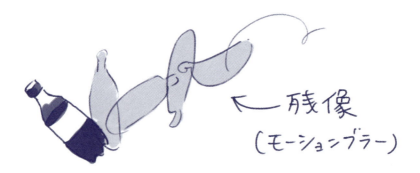

動きに残像を与える機能です。レイヤーごとに設定し時間軸（タイムライン）に用意されている［モーションブラー］ボタンを押すことで、レイヤーごとに効果を適用できます。
人が速いものを見たときに発生する「残像」に近い役目を持っています。

MEMO

レイヤーのスイッチに用意されており、レイヤー単位でオンオフすることができます。

65 タイムリマップ

関連項目 42

レイヤーの時間を圧縮したり伸長したりすることが可能です。最終的なコンポジションにかけて時間調整することもできます。モーショングラフィックスでは最終的なメリハリをつけるときにも利用できます。

MEMO

シェイプやテキストレイヤーには適用できないため、利用したい場合はプリコンポーズして利用しましょう。

第6章 After Effectsで知っておきたい機能

66 トラックマット

関連項目 13、59、60

特定のレイヤーの形や白黒の情報を使って表示範囲を作る機能です。形で切り抜くアルファマットと白黒の情報で切り抜くルミナンスマットがあります。それぞれの範囲を反転させることも可能です。

MEMO

 トラックマットに設定されたレイヤーは非表示に切り替わるので注意しましょう。

67 レイヤーマスク

関連項目 59、60、61

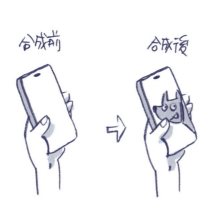
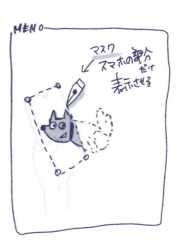

レイヤーの一部だけを表示させる機能です。基本的に図形やペンツールで範囲指定することが可能です。追加後はレイヤーのマスクプロパティが追加され、その部分のみをアニメーションさせることも可能です。

MEMO

レイヤーを選択して図形やフリーハンドで表示範囲を決めましょう。エフェクトをマスクの範囲内に設定することが可能です。

68 時間のズームバー

関連項目
76

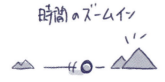
時間のズームイン

時間のズームアウト

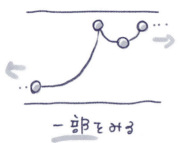
一部をみる

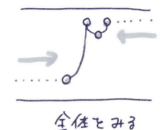
全体をみる

作業に集中するためにグラフ画面全体を拡大縮小したい場合はタイムラインパネル下部左にある「時間のズームバー」を使います。スライドバーを掴んで変更してもよいですし、左右の［山のアイコン］をクリックしても変更できます。
このときにどこを基準に時間がズームするかは青いバーの位置が起点になるので覚えておきましょう。

MEMO

細かな作業と全体の作業で切り替えましょう。

69 エクスプレッション

関連項目
40、63

指定レイヤーのプロパティに同期させたり、直接記述して動きを作ることができる機能です。ストップウォッチを［option］（ALT）を押しながらクリックすることで、簡単に切り替わります。数値をリンクする場合はプロパティの右側にあるグルグルマークのアイコン（プロパティウィップ）を引っ張って親のプロパティにつなげましょう。

MEMO

記述をする場合は大文字小文字を正確に書きましょう。

第6章 After Effectsで知っておきたい機能

70 動きのカーブを作る

関連項目 92、93

After Effectsで動きを作るときに重宝するのが「グラフエディター」です。動きのカーブを作り込むときに便利な機能がたくさん用意されています。キーフレーム間の速度や動きの微調整を視覚的に行える機能と考えましょう。

MEMO

動きのカーブを作るときに切り替えて使いましょう。

71 グラフエディターボタン

関連項目
92、93

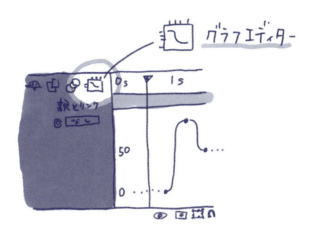

タイムラインパネル上部に「グラフエディターボタン」があります。これをクリックすることで通常のモード（レイヤーバー）からグラフ表示に切り替えることが可能です。
選択したキーフレームのグラフを表示する機能なので、グラフが表示されない場合は、キーフレームのある作業したいプロパティを選択しましょう。

MEMO

複数のグラフが出ると作業の邪魔になるので必要なプロパティだけを選択しましょう。

72 グラフエディター：表示するグラフの切り替え

関連項目 82、92、93

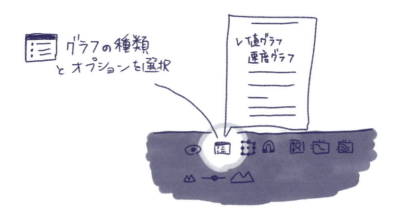

動きカーブは速度だけを調整する「速度グラフ」とプロパティの値を調整する「値グラフ」の2種類が用意されています。
この切り替えはグラフエディターモードの下部に並んでいる［グラフの種類とオプションを選択］をクリックすることで行います。状況に合わせてグラフを切り替えながら作業しましょう。

> **MEMO**
> 動きを変えないなら速度グラフ、動きと速度を両方変えたい場合は値グラフを使うと便利です。

73 グラフエディター：動きの トランスフォームボックス

関連項目 12、32

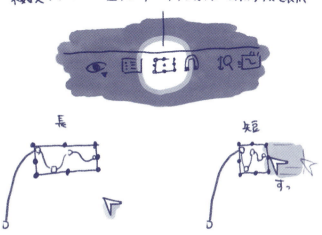

動きの形はそのままで時間を引き延ばしたり、カーブの変化量を強くしたい場合は、動きの「トランスフォームボックス」を使います。動きをシェイプのように使えるので1度動きを作った後に調整するのに便利です。
常にトランスフォームボックスを表示していると、パスを選択するときにわずらわしいことがあるので、そういう場合は非表示にしましょう。

MEMO

時間を圧縮したり、動きをオフセットしたりするときに使用します。

74 グラフエディター：イージングの切り替え

関連項目 46、47

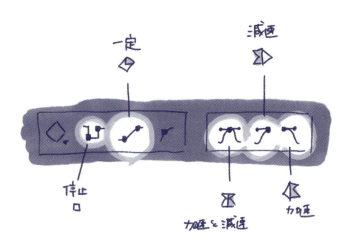

一定、停止、加速、減速など、色々な動きのパターンの基本セットがグラフエディターモードの下部右側に用意されています。左の第1グループは一定や停止、右の第2グループは緩急などがボタンとして用意されているので位置を覚えておきましょう。

> **MEMO**
>
> 動きカーブを調整しすぎてリセットしたい場合は1度［イージーイーズボタン］を押すと最初の基本カーブに戻ります。気を取り直してもう1度調整しましょう。

グラフエディター：動きにスナップ

関連項目 19

動きのカーブのタイミングを他の動きと合わせたいときは、「スナップ」を使うと吸着してくれます。水平にパスを移動したいときなどに重宝します。これまでの機能と同様にグラフエディターモード下部のアイコン群からクリックしましょう。

MEMO

柔軟にカーブを動かしたいときは、スナップは外しておきましょう。

76 グラフエディター：グラフの全体表示

関連項目 68

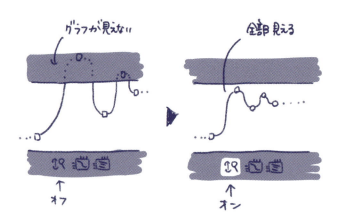

グラフ作業を行ってるときにグラフが上下左右に飛び出てしまう（拡大しすぎて見えない）場合は下部のアイコン群中心にある表示ボタン群を使います。
［グラフの高さを自動ズーム］は上下の高さを常に見せてくれます。
特定のキーフレームカーブが見たい場合は真ん中の［選択範囲に合わせて表示］、全体を見たい場合は［すべてのグラフを全体表示］で切り替えることが可能です。

MEMO

グラフを大きく見ることで調整したいときに切り替えましょう。

77 グラフエディター: 次元に分割ボタン

関連項目
51、100、105

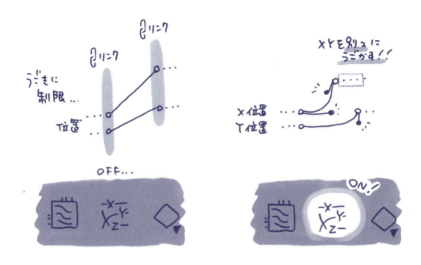

位置のプロパティはX、Yがつながっているとパスからハンドルを出すことができません。それぞれ細かく調整したい場合は［次元に分割］ボタンを使って分離させましょう。ただ、次元に分割を行うとモーションパス上でハンドルを出せなくなります。空間上で直接調整するときに手間が増えるので状況によって使い分けるとよいでしょう。

MEMO

ここでの次元とは要素の数と考えてもいいですね。位置は2つの要素（2次元）を持っているというイメージです。

第6章 After Effectsで知っておきたい機能

78 グラフエディター：より細かな調整

関連項目

14、82

キーフレームを数値で管理したり、時間ロービングなどに切り替えるための機能は［選択したキーフレームを編集］アイコンから選択可能です。
ここではキーフレームの色を変えることも可能で視覚的な目印に重宝します。速度を数値管理できる「キーフレーム速度」を開くことも可能です。

MEMO

速度で管理したいときは、フレーム速度を使いましょう。時間ロービングは動きのグループのことです。

79 グラフエディター：キーフレーム

関連項目 55、60

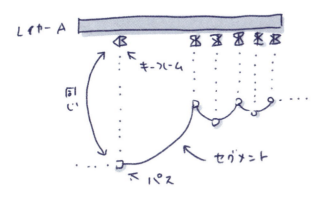

キーフレームとグラフは連動しています。横軸が時間軸なのは変わりません。縦軸はグラフによって変化します。パスの部分がキーフレームの場所でそれをつなぐセグメントが速さや動き自体を視覚化しています。

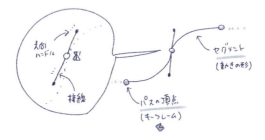

> **MEMO**
>
> 横の時間軸は、通常のレイヤーバー（普段見えているタイムライン）と変わりません。

80 グラフエディター：ペンツールでキーフレーム追加

関連項目 46、60、99

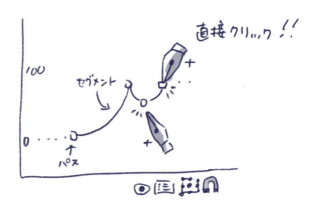

　グラフエディターの状態でペンツールを使えば、簡単にキーフレームの追加や削除が可能です。パスを直接クリックすればキーフレーム削除、線の部分（セグメント）をクリックすればキーフレームが追加されます。直感的に動きカーブを作るときによく使います。うまく利用しましょう。

MEMO

動きカーブに直接パスを追加できます。

81 グラフエディター：ペンツールでハンドルの切り替え

関連項目 45、60

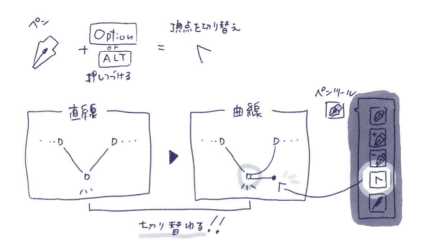

値グラフのときにペンツールに切り替えて［option］（ALT）キーを押しながらパスを引っ張るとグラフが曲線になります。
また値グラフでは両サイドのハンドル方向を別々に切り替えたり長さを調整するときに使用します。［頂点を切り替え］ツールを使用してもよいでしょう。

MEMO　ハンドルの切り替えは選択ツール時に［option］（ALT）キーを押しても操作可能です。

第6章 After Effectsで知っておきたい機能

82 キーフレーム速度

関連項目
47、92、93

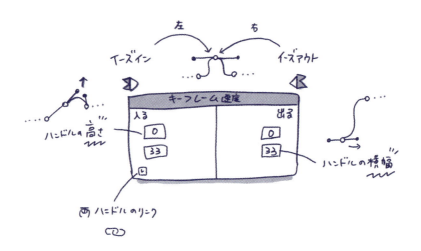

速度や動きを数値でコントロールすることが可能な機能。「入る」がイーズイン、「出る」がイーズアウトと考えると理解しやすいです。
毎秒表示の上の値は速度グラフでは速度の調整、値グラフでは動きの高さを調整できます。複数のキーフレームを同時に同じカーブにする場合などにも便利です。動きのグループを作るとき動きのカーブを一緒にすることが簡単になるので、お気に入りの数値を持っておくとよいでしょう。

MEMO

動きカーブの数値を合わせるときに使いましょう。キーフレーム速度の表示方法は「78 より細かな調整」と同じです。

83 キーフレーム補間法

関連項目 45、60

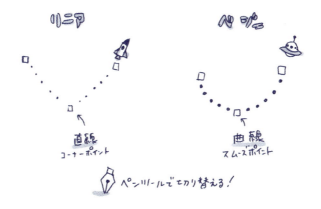

空間や時間の動きの切り替えに使います。特に空間の場合はペンツールを使ってモーションパスを直線から曲線に切り替えることが可能です（その逆も）。ウィンドウを出して切り替えたい場合はメニューバーの［アニメーション］メニューから、グラフエディターからは［選択したキーフレームを編集］ボタンから表示しましょう。

MEMO 空間の動きを切り替えるにはペンツールを使用しましょう。空間上を直線か曲線どちらにするかによって、動きが変わります。

84 エフェクトの効果

関連項目
32

エフェクトは魔法使いの様に。

エフェクトとは演出効果のことです。メインメニューの［エフェクト］の項目から動きに合わせてエフェクトを付け足していくことで、より質感を増やせます。以降は、エフェクトの注意点や、動きを作るときによく使うエフェクトを紹介します。紹介しているもの以外にも、たくさんの種類があるのでぜひ色々試してみてください。

MEMO エフェクトの中に「CC」とついているものがありますが、これはCreative CloudのCCではなくCycore Systemsのエフェクトという意味です。

85 動きの調味料

関連項目 33

エフェクトはあくまで動きの調味料と考えましょう。エフェクトに依存しすぎずに、まずは基本のトランスフォームなどでしっかりと動きのベースを作りあげ、必要であれば追加するようにします。食べ過ぎると胃もたれをするのと同じでやりすぎには注意です。

MEMO

何事もやりすぎには注意が必要です。

86 パペットピン

関連項目
55

　画像レイヤーにピンを刺して動かします。一部を動かしたり、大きさや回転の効果をつけることが可能なエフェクトです。使用する場合はツールバーの中に用意されているので切り替えて使いましょう。画像の要素をパーツ分けできない状況でも少しだけ動かすだけで大きく印象が変わります。ツールバーに用意されています。

> **MEMO**
>
> 一枚絵のイラストの髪の一部など細かな部分が動くことで印象が大きく変わります。

87 ワープ

関連項目 07

レイヤーを歪ませるエフェクト。動きの質に合わせて歪みを合わせると効果的です。あくまで基本のアニメーションの補助として使うのがおすすめです。［エフェクト］メニューの［ディストーション］カテゴリの中に用意されています。

MEMO

動きの歪みを再現するために使うエフェクトです。

第6章 After Effectsで知っておきたい機能

88 CC Bend It

関連項目
06

棒状のものを曲げることが可能なエフェクトです。例えば木を揺らしたりすることにも使えます。
基本のトランスフォームと合わせてダイナミックな印象を作ることも可能です。［エフェクト］メニューの［ディストーション］カテゴリの中に用意されています。

MEMO

棒状のものが曲がった印象を与え、勢いをつけることができます。

89 エコー

関連項目
64

動きを複製することで残像をつけることができるエフェクトです。動画や画像に使うこともありますが、ベクター図形にかけることで軌跡として利用することもあります。また複製する時間を遅らせて繰り返すアニメーションにも使用できます。［エフェクト］メニューの［時間］カテゴリの中に用意されています。

MEMO

 残像や、軌跡をつけることができます。

第 **7** 章

動きのカーブリスト

After Effectsでは動きをグラフで管理することができます。
使い方やいくつかのヒントをまとめたので、
ぜひ参考にしてください。

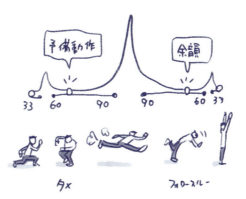

90 そもそも「動きのカーブ」とは?

関連項目 47、70

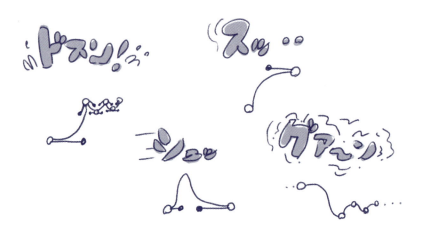

「ドスン」は落下するような動き、「シュッ」は素早く入ってくる動きなど、擬音を動きに変換して考えることが私はあります。普段から音を動きに変換するのも面白いものですが、After Effectsはそれを動きのカーブとして考えることが可能です。
この章では、一定や加速減速がどのようなカーブになるのかをまとめました。動きを作る際にぜひ参考にしてください。

MEMO

まずは、「どの動きがどんなカーブになるのか」を考えてから、動きを作っていきましょう。

91 2つのグラフ

関連項目 70、92、93

ここではAfter Effectsで用意されている動きカーブの2種類を色々なパターンで見ていきます。

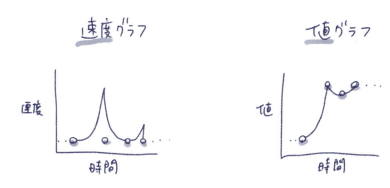

まずは動きの情報のキーフレームをグラフエディターモードに切り替えます。状況に合わせて「速度グラフ」か「値グラフ」を使い分けて作業しましょう。動きを変えないなら「速度グラフ」、動きも調整するなら「値グラフ」というイメージです。

> **MEMO**
>
> 片方のグラフだけ使うのではなく、両方の特性を活かしましょう。

92 速度グラフ

関連項目 46、47、70

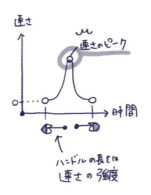
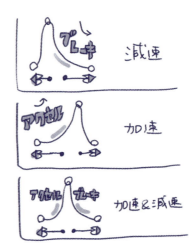

キーフレームのイージング速度だけを調整するグラフ。横軸が時間、縦軸が速度です。グラフが高くなるにつれて速度が上がり、0のラインにある場合は1度停止します。
動きのカーブの頂点を左に寄せれば減速、右に寄せれば加速します。頂点が中央にある場合、加速と減速が同程度かかります。パスの位置がキーフレームの位置となりイージングをかけることによってハンドルの長さや高さで速度調整が可能です。

> **MEMO**
>
> 動きの速度だけを調整します。カーブのピークが1番速くなります。

93 値グラフ

関連項目 46、47、70

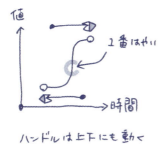
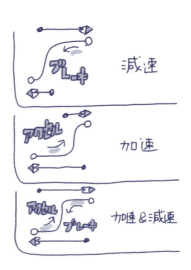

プロパティの値を変化させて動きを作るグラフ。速度グラフと違い、動きも変化します。横軸が時間、縦軸がプロパティの値の変化です。
イージングをかけることでハンドルを使った細かなカーブの調整が可能です。ハンドルは上下にも方向を変えることができ予備動作や余韻を簡単に作ることもできます。

MEMO

プロパティの値が変化します。動きと速さが変化します。

94 動きを作るヒント

関連項目 46、60、74

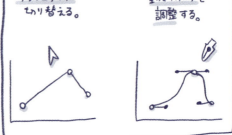

動きは最初から細かなニュアンスまで作らず、まずは全体の骨組みを作りましょう。その後にイージングの種類を決め、調整していくとスムーズです。また、作業前にある程度作る動きをイメージできるようにしておきましょう。

MEMO

 動きは骨組みから作りましょう。

95 加速

関連項目
04、55、60

速度グラフ

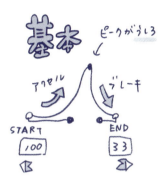

加速の動きは、だんだんとアクセル踏むイメージです。速度グラフだとカーブのピークが左に寄ります。

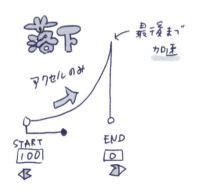

加速は落下の動きにも利用されます。落下を表現する場合はぶつかるまで加速させるように受け取るキーフレーム側のハンドルは引っ込めておきましょう。

MEMO

速度カーブのピークが後半に来るようにしましょう。

値グラフ

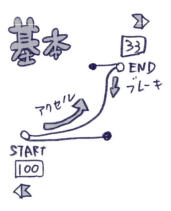

値グラフで加速する場合は高さが変化するタイミングは後ろにずれます。グラフの高さの変化が大きいところで1番速度が上がります。

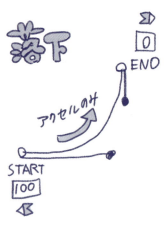

落下を作る場合はアクセルハンドルを大きく伸ばし終わりの側のハンドルは引っ込めるか、左図のように下に向けておきます。最後まで加速し続けるイメージを持ちましょう。

MEMO

最初のキーフレームのハンドルは右に長くしましょう。受け取る側のハンドルは閉じるか下に向けましょう。

キーフレーム速度

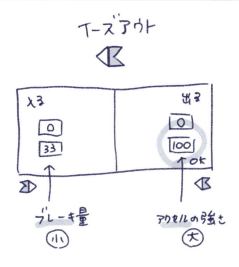

数値で加速を作る場合は始まりのキーフレームを選択して出る速度の影響度を大きくします。落下の場合は終わりのキーフレームを選択して受け取るハンドルの入る速度の影響度をゼロにしておきましょう。

イージングのイージーイーズアウトを適用すると加速します。だんだんとカーブの変化が強くなっていくのが特徴です。

MEMO

出ていく速度を上げると加速します。イーズアウトは33%が加速です。

96 減速

関連項目
07、82

速度グラフ

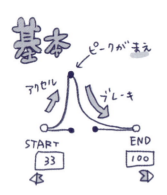

イーズインをつけると減速の動きになります。ブレーキを踏んでカーブがだんだんとおさまっていくイメージです。

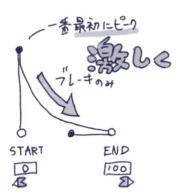

始まりのキーフレームの左のハンドルを引っ込めると勢いよく動き出します。

> **MEMO**
>
>
> 速度カーブは左寄りになります。ぶつかるまで速度を上げたい場合は、受け取る側のハンドルを引っ込めましょう。

値グラフ

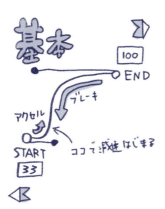

直線から曲線に変更し、止まる側のキーフレームの左のハンドルを長くすると大きく減速がかかります。

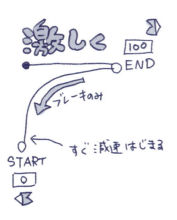

激しく減速させる場合は、始まりのハンドルは閉じるか上に向けておくことで、動きを作ることができます。

> **MEMO**
>
>
>
> 入る側の影響度が大きいです。減速はイーズインと覚えましょう。影響度の数値は33%です。

キーフレーム速度

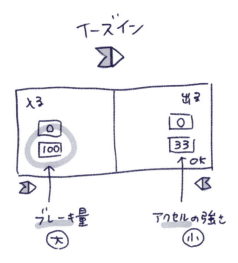

左の入る速度の影響度を増加させると減速します。強くブレーキを踏むイメージです。

97 加速と減速

関連項目
04、79

速度グラフ

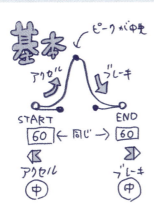

キーフレーム間のハンドルを中央に近づけると緩急の強弱がつきます。最大までハンドルを伸ばすとピュンピュンした動きになります。

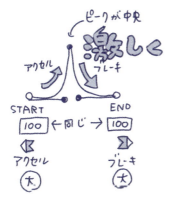

速度カーブは1番高い部分がもっとも早い部分です。このタイミングでレイヤーを切り替えてみましょう。

MEMO

速度カーブは中央になります。同じくらいの加速減速をつけたい場合、左右のハンドルの長さは合わせましょう。

値グラフ

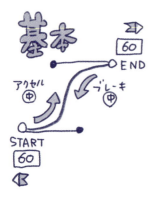

最初のキーフレームは、右にハンドルを引っ張り、2つ目のハンドルは左のハンドルを引っ張ります。中央は両ハンドルに潰されて高さの変化量が1番大きくなります。

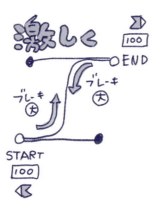

加速と減速を同じくらいかけるとき、左右のハンドルの長さは同じになりカーブも中央を押しつぶような形になります。

> **MEMO**
>
>
> 値カーブは中央に寄ります。左右のハンドルの長さは同じにしましょう。

キーフレーム速度

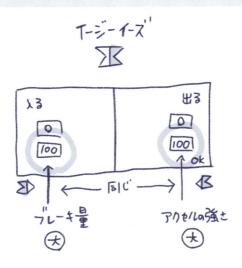

入る速度と出る速度の影響度を同じだけ増加させることで緩急が同程度適用されます。数値を「100-100」でなく「80-80」、「60-60」にすればアクセルとブレーキが弱まります。
加速と減速を同じ強さにするには、影響度のアクセル側とブレーキ側の数値を一緒にしましょう。

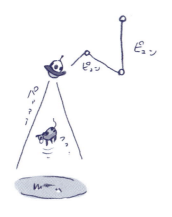

動きのカーブで見た場合、キーフレーム間の中間部が一番強い変化量のカーブに見えます。

98 予備動作と余韻

関連項目
02、45、74

値グラフ

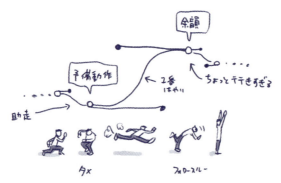

メインのアクションの前と後ろにキーフレームを追加し、最終的に変化する数値を通り越すように変化させることで予備動作と余韻を表現できます。この場合ペンツールでグラフを変更させる方がイメージしやすいです。

> **MEMO**
>
> 予備動作用にカーブを通常の方向とは反対側に変化させてタメを作りましょう。終わりの余韻は少しいきすぎて戻るイメージです。カーブの曲線を美しくしましょう。

速度グラフ

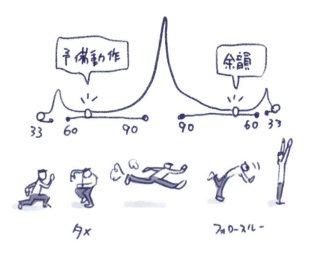

速度グラフでは動きは変わらないので、モーションパスを使って空間で動きの演技をつけた後に速度を調整します。ふわっとした動きをつけたい場合は、あまりカーブをキツくくならないよう、ハンドルで調整しましょう。

MEMO

動きはモーションパスでつけることができます。速度カーブは中央の山を尖らせると、素早くなります。

99 跳ねる

関連項目
18、19

値グラフ

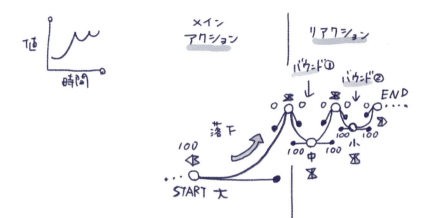

地面にぶつかって反発するようにカーブを調整していきます。特に落下時は地面にぶつかるまで減速させないようにしましょう。

MEMO

ボールが弾むようにカーブの形をキレイに作ると動きもキレイになります。

モーションパスと速度グラフ

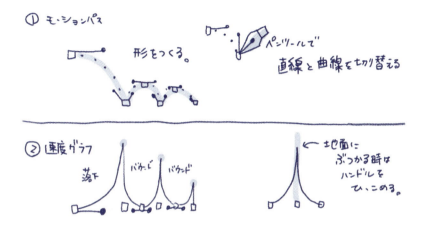

動きはモーションパスで作ります。速度グラフでは、地面にぶつかるまでは、ものは加速し続けるため、イーズインのハンドルは閉じます。反発する場合も勢いを出すためにハンドルは閉じておくとよいです。
跳ねた中間点が完全に止まって違和感が出るようであれば、キーフレームの間隔を狭めるか速度をゼロにせずに動き続けるようにキーフレーム速度で調整しましょう。手動で動かす場合はキーフレーム速度の連続にチェックを入れ、少し速度の高さを変えます。ここで変化させすぎると、動きすぎてしまうので注意しましょう。

> **MEMO**
>
> 速度カーブで地面にぶつかるときにはハンドルを両方引っ込めましょう。空間はペンツールでモーションパスのハンドルを調整できます。

100 ふわふわする

関連項目
20、45、80

値グラフ

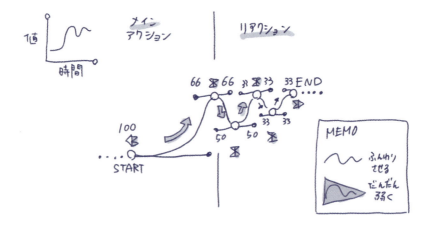

地面がない空中を漂うイメージで、ぶつかって止まるのではなくふんわり戻るようにカーブを作っていきます。ハンドルの出だしと終わりを、進行方向と反対側に向けることで、予備動作や余韻を再現できます。

MEMO

値カーブは固くならないように曲線を意識しましょう。
だんだんとエネルギーは減衰します。

101 じんわり動かす

関連項目 21、79、82

値グラフ

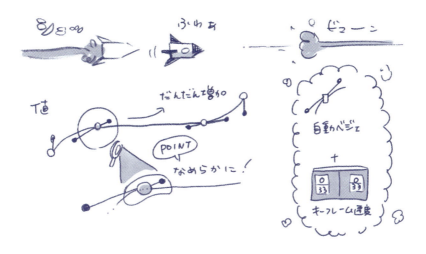

動いた後にじんわり動き続ける動きです。動きのカーブをつなげるときに自動ベジェを使うと滑らかにつながります。ハンドルの強さはフリーハンドで調整すると動いてしまうことが多いので、キーフレーム速度を使って影響度を数値で管理すると制御しやすいです。

MEMO

止めずにゆっくりと動かし続けると、時間が止まった印象になりません。

102 レイヤーで切り替える

関連項目
19、22、24

モーションパスと速度グラフ

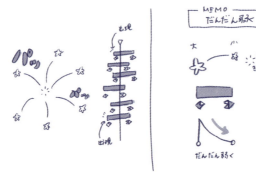

動きをつけなくてもレイヤーを突然表示させると素早く表示されたように感じます。表示後に余韻をつけて印象を調整しましょう。インパクトをつけたい場合などには候補にしてみてください。

キーフレームで出現させずにレイヤーの切り替えで動きを表現しましょう。

MEMO

消えていく動きだけでも勢いを伝えることは可能です。

103 点滅

関連項目
14、54

値グラフ

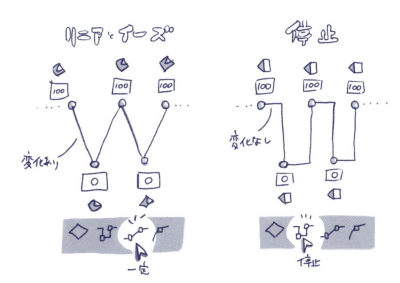

点滅するパターンは大きく分けて2種類で、じんわり切り替わるか、パカパカ切り替わるかのどちらかです。前者であればリニアなどで表現し、後者はキーフレームを停止に切り替えて一気に変化させましょう。

MEMO

停止をすると、キーフレーム間は変化しません。

104 跳ね返る

関連項目
15、45、81

モーションパスと速度グラフ

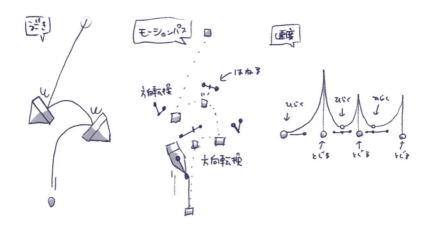

進行方向が障害物で変わるのでモーションパスは、跳ね返りのときのように曲線の方が自然です。しかし、質量が大きなものは、かたい動きでもよいでしょう。

ペンツールを使ってモーションパスを調整します。速度グラフでは跳ね返る部分は衝撃が強いので変化量が大きく両ハンドルを引っ込めてしまいましょう。最後は落下なので加速し続けるイメージを持ちましょう。

MEMO

モーションパスの動きはペンツールで調整します。

105 遅れて追従する動き

関連項目
03、63

値グラフ

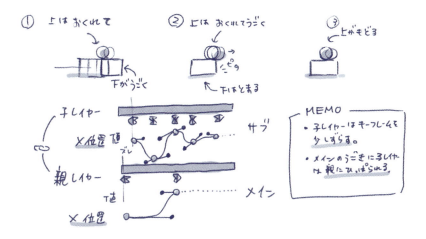

親子関係を組んだ2つのレイヤーを用意します。親レイヤーがメインの動きを担当し、子レイヤーは親レイヤーの影響を受けて動き出すようにします。そのため子レイヤーのキーフレームは少し遅らせて動き出すようにしましょう。

MEMO

キーフレームは同時に動かさず子レイヤーは遅らせましょう。

106 キーフレームのタイミング

関連項目 34、55

キーフレームと速度グラフ

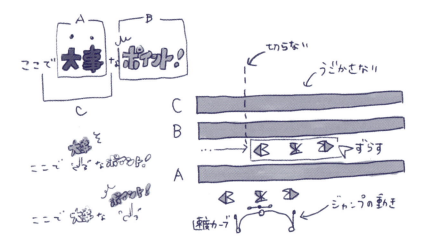

テキストなどの最初から表示されているレイヤーを順序づけて動かすことがあります。その場合は、レイヤーはそのままでキーフレームだけをずらして動きを作りましょう。タイミングを調整することで読ませる順序をコントロールできます。

MEMO

レイヤーはそのまま残しキーフレームだけ動かしましょう。

107 レイヤーのタイミング

関連項目
16、34

キーフレームと速度グラフ

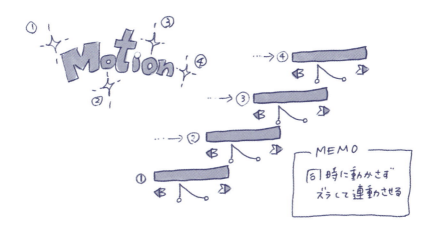

キラキラする動きを次々に見せたい場合は同じ動きを複数作り、レイヤー自体を動かすことでタイミングをずらします。このとき、全く同じ間隔で動かしてもよいですが、リズムを変えてみると、面白い表現になります。

MEMO

キーフレームを含めたレイヤー自体をずらして調整しましょう。

108 素材感のある動き

関連項目
08、87、88

値グラフ

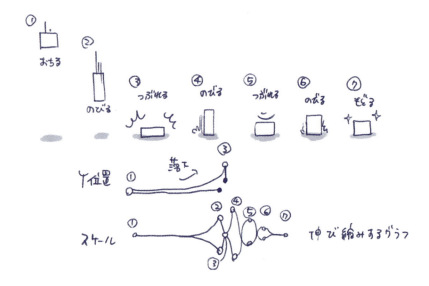

落下する動きはY位置で行い、勢いを出す歪みはスケールのリンクを外して、引き伸ばしたり潰すことで表現します。このときに質量を変えないように、縦を伸ばしたのなら、同じだけ横を潰すように意識しましょう。とはいえ、ファンタジーな歪み方にも味わいがあるので、状況に合わせて使い分けましょう。

MEMO

スケールを動かすときは、質量を意識するようにしましょう。

109 移動で切り替える

関連項目
27、87

値グラフ

2つの同じ動きを作り、動きカーブの1番急なタイミングでレイヤーを切り替えればスムーズに対象が切り替わります。カーブの変化を見たいときには、速度カーブの使用がおすすめです。

MEMO

ヌルで動きを作り親子関係でつなげても同じ状態を作れます。

付録①

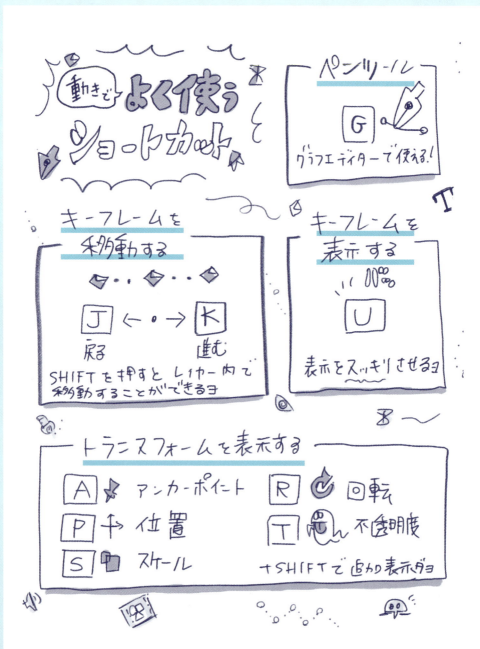

After Effectsで動きを作るときに特によく使うショートカットをまとめました。もちろん、全てを覚える必要はありませんが、ショートカットを使うと効率も上がります。まずは、この表にあるものから使ってみてください。

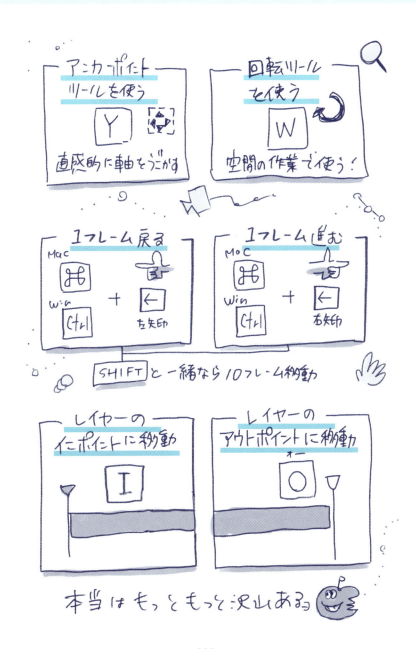

付録②

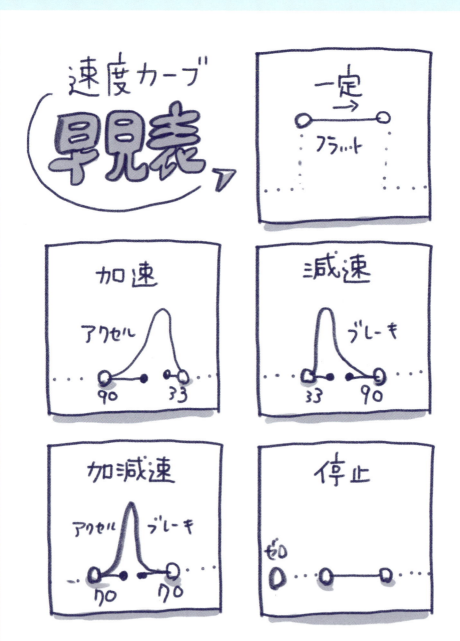

第7章で紹介した「動きのカーブ」の中でよく使うものを一覧にまとめました。速度カーブと値カーブの2つの特徴をパッと理解できるようにしておきましょう。

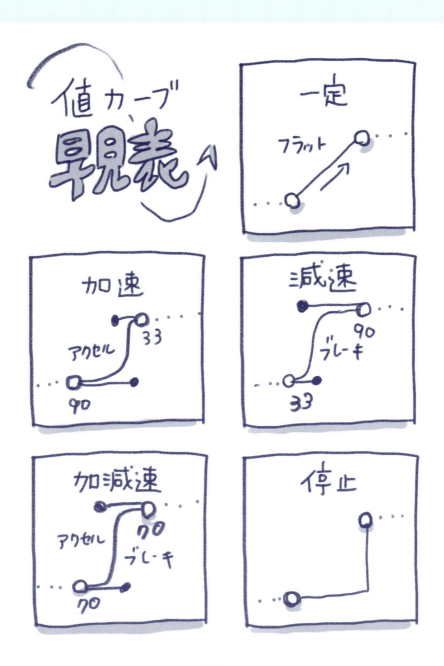

あとがき

ここまで読んでいただいてありがとうございます。今回の動きを考える旅は一旦ここで終了です。なにか1つでも、あなたが動きを考えるヒントになっていると嬉しいです。

実は、この本を執筆するにあたってかなり悩みました。実は、私自身、本を読み解くのが苦手なのです。「そんな自分が執筆をすることにどんな意味があるのか？」を今、あとがきを書いている最中も考えています。
でも、だからこそ、自分にしか書けない本があるのではないかと思い、今回1つのルールをもって執筆しました。それはイラストたっぷりの本にすることです。後半のAfter Effectsパートでも作業画面のスクショを使わず、全てイラストで表現しました。このようなソフトの解説本はどうしても作業画面を多用するのですが、どうしても画面の占有率と目線誘導の難しさがあり、「なんとかならないかなぁ」とずっと思っていたためです。

ずっと、「動きが直感的にわかるような本を作れないかなぁ」と、思っていました。とにかく、わかりやすく、直感的に。この目論見がうまくいくように祈りながら執筆をしました。
いかがでしたか？　ぜひ、SNSなどで、この本の感想を教えてもらえたら嬉しいです。

皆さんが動きを楽しみ、そして、Afrer Effectsでの制作を楽しめますように。また動きを考える旅が再開されるのを楽しみにしています。

最後にこの本に関わってくれた皆様、根気よくお付き合いいただいてありがとうございました。本当に感謝しています。

2025年2月　山下大輔（ヤマダイ）

著者プロフィール

山下大輔（やました・だいすけ）

映像講師。Adobe Community Evangelist x Expert。モーション研究員。専門学校や大学からオンライン講座まで、プロアマ問わずAfter Effectsの講座や授業を行う。
そのほかにも記事や書籍の執筆、イベント登壇などを生業としている。
ヤマダイ（@ymrun_jp）の名でSNSで発信中。

ブックデザイン	沢田 幸平（happeace）
DTP	明昌堂
編集	小塲 いつか

After Effects
イメージで覚える動きの基本

2025年 2月 17日 初版第 1 刷発行
2025年 4月 10日 初版第 2 刷発行

著者	山下 大輔
発行人	臼井 かおる
発行所	株式会社 翔泳社（https://www.shoeisha.co.jp）
印刷・製本	株式会社ワコー

©2025 Daisuke Yamashita

本書は著作権法上の保護を受けています。本書の一部または全部について（ソフト
ウェアおよびプログラムを含む）、株式会社 翔泳社から文書による許諾を得ずに、
いかなる方法においても無断で複写、複製することは禁じられています。
本書へのお問い合わせについては、13ページに記載の内容をお読みください。
造本には細心の注意を払っておりますが、万一、乱丁（ページの順序違い）や落丁
（ページの抜け）がございましたら、お取り替えいたします。03-5362-3705 までご
連絡ください。
ISBN978-4-7981-8769-3

Printed in Japan